BIOLOGICAL
MYSTERY
SERIES
PRO

6

ジュラ紀の
生物

群馬県立自然史博物館 監修

土屋 健 著

JURASSIC
CREATURES

技術評論社

はじめに

——その動物の途方もない重さのために地面が揺れ動き、ゴクンゴクンと水を飲む音が夜のしじまの中にひびきわたった——

創元推理文庫『失われた世界』より

　技術評論社の"古生物ミステリーシリーズ"第6巻をお届けします。本巻は、おそらく地質時代のなかで最も知名度が高い、「ジュラ紀」がテーマです。

　ジュラ紀が有名である理由は、もちろん「恐竜」の存在によるものでしょう。30mオーバーの竜脚類や、背中に骨の板を並べた剣竜類、そして生態系の頂点に君臨する大型獣脚類。前時代の三つ巴の争いを制した彼らは、いよいよ本格的な繁栄を開始します。巨大動物たちの時代が到来したのです。

　恐竜の化石は、研究者のみならず、近現代の作家を大いに刺激してきました。たとえば、20世紀初頭にコナン・ドイルは『失われた世界』を著し、20世紀末にマイケル・クライトンは『ジュラシック・パーク』を生みだしました。ちなみに筆者は、（それが理由のすべてではないにしろ）クライトンの作品の影響を受けて、古生物学の道に進路をとった一人です（同世代にはそんな"同志"が少なからずいます）。

　ジュラ紀といえば、恐竜時代……とはいえ、これまでの時代がそうであったように、恐竜だけがこの時代の"登場人物"というわけではありません。魚竜、クビナガリュウ、翼竜、ワニなどの爬虫類をはじめ、イカのような姿の絶滅頭足類や、アンモナイトも登場します。また、近年の研究によって、この時代にすでに多様な哺乳類が暮らしていたことも明らかになってきました。

　本シリーズでは、時代の「窓」ともいうべき、良質な化石の産地にとくに注目しています。本巻中で筆者のオススメは、第2章のドイツの化石産地です。ぜひ、ご堪能ください。

本シリーズは、群馬県立自然史博物館に総監修をいただいております。同館のみなさまには、お忙しいなか、標本撮影にもご協力いただきました。ベレムナイト類は北海道大学大学院の伊庭靖弘助教、魚竜類はカリフォルニア大学デイヴィス校の藻谷亮介教授、クビナガリュウ類は東京学芸大学の佐藤たまき准教授、恐竜類とワニ類は北海道大学総合博物館の小林快次准教授、アンモナイト類は北海道博物館の栗原憲一研究員に、ご協力いただきました。また、標本撮影に関しては、いわき市石炭・化石館のみなさまにもご協力いただいております。そして、今回も掲載標本の画像に関して、世界中の人々に大変お世話になりました。みなさま、本当にありがとうございました。

　今回も華やかなイラストは、えるしまさく氏と小堀文彦氏の作品です。写真撮影は安友康博氏にご協力いただきました。資料収集や地図作図は妻（土屋香）に手伝ってもらっています。相変わらずスタイリッシュなデザインは、WSB inc.の横山明彦氏。編集はドゥ アンド ドゥ プランニングの伊藤あずさ氏、小杉みのり氏、技術評論社の大倉誠二氏です。本書は、多くの方によりつくられています。

　そして、今、この本を手に取ってくださっているあなたに大感謝を。ぜひ、本シリーズならではの、"ジュラシック・ワールド"をご堪能ください。なお、シリーズ第6巻ではありますが、例によって、いきなり本巻を手に取られてもお楽しみいただける仕様をめざしています。ただし、第1巻からお読みいただくとより壮大な生命史を味わうことができるでしょう。

　今回も楽しく、雄々しく、凛々しい古生物の世界をお楽しみください。

2015年6月

筆者

目次

地質年表……………………………………………………………… 6

1 "真の恐竜時代"の始まり ………………………… 8
魚竜とクビナガリュウと翼竜を発見した「化石婦人」… 8
大絶滅を生き抜いていた"イカ"………………………… 10
ジュラ紀という時代………………………………………… 12

2 ドイツに開いた"第一の窓" …………………… 18
海から酸素が消えた日……………………………………… 18
ホルツマーデン……………………………………………… 19
魚竜の出産シーン…………………………………………… 23
バラバラ胎児のミステリー………………………………… 26
わずかな数のクビナガリュウ……………………………… 28
ワニ、翼竜、魚類……吐いたのはだれだ？ ………… 31
旅をするウミユリ…………………………………………… 37

3 躍進する爬虫類。そして、カエル …………… 40
巨大な眼をもつ魚竜………………………………………… 40
クビナガリュウ類、繁栄す………………………………… 43
最古のワニ、登場…………………………………………… 49
ワニ形類、水辺に進出す…………………………………… 51
ワニ形類、水中に進出す…………………………………… 52
カエル、跳躍す……………………………………………… 55

4 アジアの恐竜王国 ……………………………………… 58
ジュンガル盆地……………………………………………… 58
巨大恐竜の戦い……………………………………………… 59
死の足跡……………………………………………………… 61
恐竜の色……………………………………………………… 66
翼竜の"ミッシング・リンク"…………………………… 69
哺乳類、水中を泳ぐ………………………………………… 73
哺乳類、空を飛ぶ…………………………………………… 76
最古の真獣類、登場………………………………………… 79
そして、寄生虫……………………………………………… 80

5 伝統的恐竜産地 ……………………… 84
モリソン ……………………………… 84
化石争奪戦 …………………………… 85
巨大恐竜たち ………………………… 90
なぜ、彼らはここまで大きくなったのか？ ………… 93
アロサウルス —— ジュラ紀の王者 …………… 94
剣竜類「ステゴサウルス」…………………… 100
ステゴサウルスの感染症 …………… 105
挿話：剣竜類の系譜 ………………… 106
哺乳類、穴を掘る …………………… 110

6 大西洋の向こう側 …………………… 112
ジュラ紀のヨーロッパ ……………… 112
最大の魚類？ ………………………… 112
トルボサウルス —— アメリカとヨーロッパをつなぐ… 116
小さな島の小さな竜脚類 …………… 118
ギラッファティタン—— アフリカの似て非なる竜脚類… 119

7 世界で最も有名な化石産地 ………………… 124
ゾルンホーフェン ……………………… 124
始祖鳥 —— 始まりの鳥 ……………… 128
始祖鳥は飛べたのか？ ……………… 129
始祖鳥の翼は何色か ………………… 131
始祖鳥の標本たち …………………… 132
新たな標本が意味すること ………… 140
最小級の恐竜と、鱗のある恐竜、そしてリスもどき… 141
2タイプの翼竜 ……………………… 148
死の行進化石 ………………………… 154
最も出会いやすい、"クモ化石" ……… 155

エピローグ …………………………… 158
何度も入れ替わっていたアンモナイト類 ………… 158
現れた"異常巻き"アンモナイト ……………… 159

もっと詳しく知りたい読者のための参考資料 ……………… 160
索引 ……………………………………………… 164

地質年表

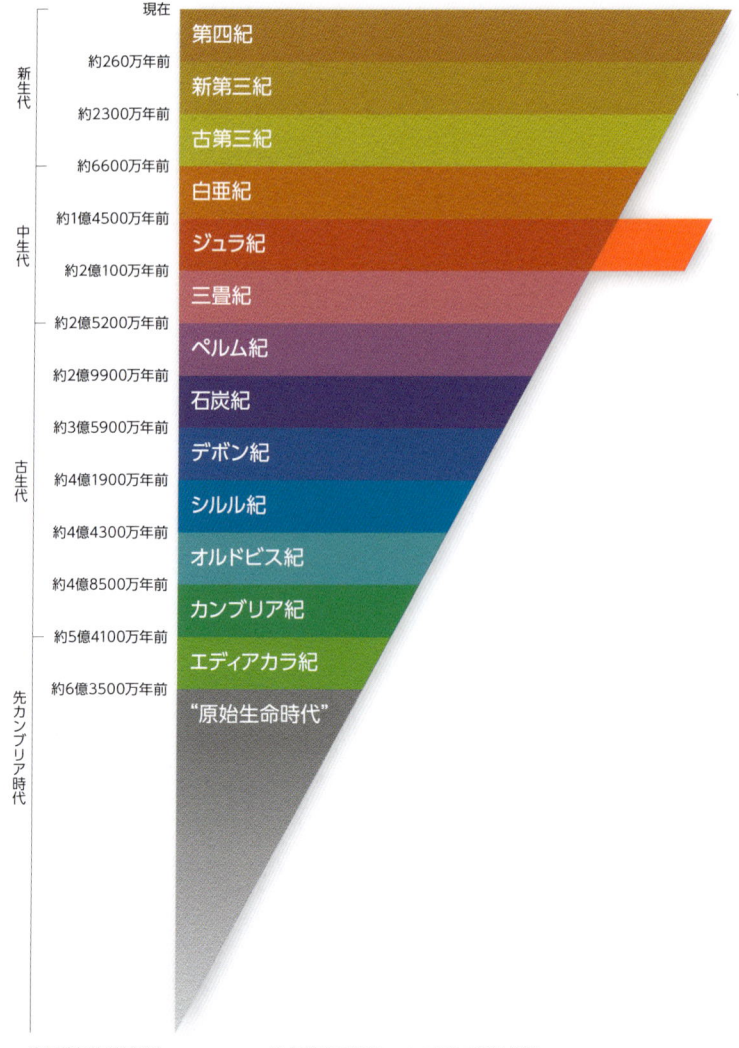

代	年代	紀
新生代	現在	第四紀
	約260万年前	新第三紀
	約2300万年前	古第三紀
中生代	約6600万年前	白亜紀
	約1億4500万年前	ジュラ紀
	約2億100万年前	三畳紀
古生代	約2億5200万年前	ペルム紀
	約2億9900万年前	石炭紀
	約3億5900万年前	デボン紀
	約4億1900万年前	シルル紀
	約4億4300万年前	オルドビス紀
	約4億8500万年前	カンブリア紀
先カンブリア時代	約5億4100万年前	エディアカラ紀
	約6億3500万年前	"原始生命時代"

約46億年前 地球誕生　　※ 年代値の出典についてはP.160を参照

ジュラ紀

JURASSIC PERIOD

ジュラ紀

1 "真の恐竜時代"の始まり

▌魚竜とクビナガリュウと翼竜を発見した「化石婦人」

　19世紀初頭、イギリスは空前の博物学ブームに沸いていた。この時点においては、チャールズ・ダーウィンの『種の起源』は発表されておらず、「進化」の概念は普及していなかった。人々は、謎の石——化石の意味を考え、議論を交わしていた。古生物学の黎明期だ。

　当時、ジュラ紀の化石を数多く発見し、それらの化石を学界の研究者に"供給"し続けていた女性がいた。その名を「メアリー・アニング」。日本ではあまり知られていないが、イギリスでは、ロンドン自然史博物館の化石ホールに肖像画が飾られるほどの女性である。本書の始まりとして、プロの研究者ではないながらも、古生物学の発展におおいに寄与したこの人物について触れておきたい。

　メアリー・アニングに関しては、シナリオライターの吉川惣司と、東京成徳大学中・高等学校教諭の矢島道

子が著した『メアリー・アニングの冒険』(2003年刊行)が詳しい。ここではこの本を参考にしながら話を進めていく。

メアリー・アニングが暮らした地は、イギリスの首都ロンドンから南西へ約240km、ライム湾の畔にある。イギリス海峡に面したライム湾沿岸は、今日、ジュラ紀に生息していた海棲動物の化石産出地としてよく知られている場所だ。メアリーの父はこの畔で家具職人として働きながら、化石採集とその販売に勤しんでいた。

メアリーが生まれたころのヨーロッパを見ると、フランスではナポレオンが台頭し、全ヨーロッパを巻き込んだ激動の時代が始まろうとしていた。ちなみにこのころの日本は、江戸幕府の開幕から約200年。伊能忠敬、杉田玄白といった人物が活躍していた、そんな時代である。

メアリーの名が歴史に登場し始めるのは、1812年のことである。当時13歳。彼女の兄が発見し、彼女も発掘に関わった魚竜類の化石が世に出たのだ(魚竜類についてはのちに詳しく述べる)。

メアリーたちが発見した魚竜類の化石は、全長5.5m。それは、世界ではじめて本格的に発掘された絶滅海棲爬虫類の骨格だった。[1-1] 標本は領主によって買い上

▼1-1
魚竜類の頭骨

メアリーの兄が発見し、一家が発掘した魚竜類の頭骨。当初、この化石はワニ類のものと考えられていた。この化石は23ポンドで領主に買い上げられたという。現在、ロンドン自然史博物館に所蔵されている。
(Photo: The Trustees of the Natural History Museum, London)

ICHTHYOSAURUS PLATYODON, Conyb.
Described by Owen in Report. Brit. Assoc., 1839, p.113, & figured in "Liassic Reptilia," pt.III (Mon. Pal. Soc., 1881), pl. XXXI, figs. 2,3.
LOWER LIAS.   LYME REGIS.

げられ、専門家によって研究が続けられることになる。その後、メアリーは15歳のときに魚竜類の前脚の指骨化石を、19歳のときに全身骨格を発見した。そして、この間に地質学と古生物学の知識を独学で吸収していったようだ。

1823年。24歳になったメアリーは、またも偉業を成しとげる。世界ではじめて、クビナガリュウ類の化石を発見したのである。しかもその化石は、「理想的」ともいえる完全体だった（クビナガリュウ類についてものちに詳しく述べる）。

彼女の活躍は続く。1828年には翼竜の化石を発見した。当時、すでに"最初の翼竜化石"はドイツで発見されていたが、メアリーが発見したこの化石は、イギリス産としてははじめて見つかったものだった。

ここで挙げたほかにも、無脊椎動物を含めて多くの化石をメアリーは発見した。『メアリー・アニングの冒険』の表現を借りれば、「メアリーは農業でもやっているかのように」化石を発見し続けた。彼女が発見した化石は、いずれもジュラ紀のものだった。

やがて、古生物学構築の最前線にいたロンドンの研究者たちと渡り合うほどの知識を身につけたメアリーは、「化石婦人（Fossil Woman）」として歴史に名を残すことになった。

本書は、あくまでも「古生物の本」なので、メアリーに関する記述はここまでとし、本格的にジュラ紀の古生物たちに注目することにしたい。もし、メアリーの人生そのものに興味をもたれたのであれば、『メアリー・アニングの冒険』の一読を強くおすすめする。

大絶滅を生き抜いていた"イカ"

今からおよそ2億年前の三畳紀末のこと。生命史上で何度目かの大絶滅が起こった。それは、海棲生物が科のレベルで20%以上、属のレベルで30%以上滅んだとされる大規模なもので、「ビッグ・ファイブ」とよばれる5大絶滅事件の一つに数えられている。

この大量絶滅ののちに登場し、ジュラ紀と白亜紀の海で大繁栄をとげた頭足類として有名なのが「ベレムナイト類」とよばれるものたちである。
　ベレムナイト類は、一見すると現生のイカ類そっくりな姿をしている。しかし、外見はそっくりでも、体内に石灰質でできた円錐形の殻をもっている点が大きく異なる。この殻の形が、弓矢でいうところの「矢じり」に似ていることから、ベレムナイト類のことを日本語で「矢石類」ともいう。その腕にはタコやイカのような吸盤はなく、キチン質でできた鋭いかぎづめが多数並んでいた。
　魚竜類をはじめとした当時の海棲爬虫類の化石では、胃があったと目される場所からベレムナイト類の化石が発見されることが多い。そのため、ベレムナイト類は、ジュラ紀と白亜紀の海棲爬虫類の主食であったとみられている。
　ベレムナイト類は、ジュラ紀初期（約2億年前）の北ヨーロッパ周辺の海で誕生した。殻の直径が5mmほどの小さな種から始まって、2000万年間ほどは限られた地域にのみ生息していたが、やがて世界中に分布を広げ、多様性を高めていった。
　——これが、つい最近までの定説だった。
　ところが、2012年。北海道大学大学院の伊庭靖弘たちの研究によって、この定説が書き換えられた。日本の宮城県南三陸町のジュラ紀初期の地層から、殻の直径が1cmほどの中型種と、殻の直径が3cmをこえる超大型種のベレムナイト類の部分化石が発見されたのである。中型種の方は、北ヨーロッパのベレムナイト類にはない特徴のある新種として記載され、「**シチュアノベルス・ウタツエンシス**（*Sichuanobelus utatsuensis*）」と名づけられた。 1-2
　大型種の方は、殻の直径が3cmをこえるということは、全長は数mになる可能性がある（ただし、殻のサイズと全長の関係にはまだ謎が多いので、未確定ではある）。ベレムナイト史上最大級だ。
　この2種の発見は、従来の定説に反して、ジュラ紀初

期にはすでにベレムナイト類が一定の繁栄を勝ち得ていたことを示唆している。しかも、である。伊庭たちは、シチュアノベルス・ウタツエンシスと同じ特徴をもつベレムナイト類の化石が、中国四川省の三畳紀後期（約2億3000万年前）の地層からすでに発見されていたことを指摘したのだ（つまり、この中国産のベレムナイト類は、この時まで見落とされていたということになる）。

　ベレムナイト類は、遅くとも三畳紀後期には出現し、ジュラ紀初期にはすでに大型化も多様化も進んでいた、ということになった。このことは、とりもなおさず、ベレムナイト類が三畳紀末の大量絶滅を生き抜いたことを意味している。魚竜類などの"主食"ではないか、とみられるだけに、今後、三畳紀の海棲爬虫類やほかの頭足類との関係など、さまざまな面での研究が期待されている。

ジュラ紀という時代

　ジュラ紀は、今から約2億100万年前に始まり、約5600万年間続いた時代である。中生代第2の時代に当たり、その名はフランスとスイスの国境にある「ジュラ山脈」に由来する。

　2015年の現時点で、エディアカラ紀以降、13の地質時代名が設定されている。そのなかでも、ジュラ紀ほど知名度の高い時代もないだろう。いわゆる「恐竜時代」として有名な時代であり、「地質時代」という言葉を知らなくても、「ジュラ紀」ならば知っている、という方も多いはずだ。

　三畳紀末の大量絶滅事件によって大ダメージを受けた生態系は、ジュラ紀の開幕とともに急速に回復した。とくに陸上世界は恐竜たちの多様化と拡散が起きたことで知られる。

　地球レベルでジュラ紀を見ると、三畳紀後期から続く「大陸分裂の時代」である。唯一無二の超大陸であったパンゲアに大規模な亀裂が生じ、大陸が拡散していった。まず始めに、北アメリカ、南アメリカ、そしてア

◀▼1-2
ベレムナイト類
シチュアノベルス・ウタツエンシス
Sichuanobelus utatsuensis
宮城県南三陸町の海岸から発見された鞘部分の化石と復元図。化石の標本長は約4cm。標本の中央部を上下に走る溝が、分類の要となる。なお、産地周辺は旧歌津町であり、三畳紀の魚竜類ウタツサウルス(*Utatsusaurus*)などの化石も発見されている(『三畳紀の生物』第2章参照)。本種は、命名者である伊庭が、南三陸町が地元の"自然遺産"を改めて認識するきっかけになればという願いと、調査への協力の感謝の意をこめて、「歌津」を冠した種名をつけた。
(Photo：伊庭靖弘)

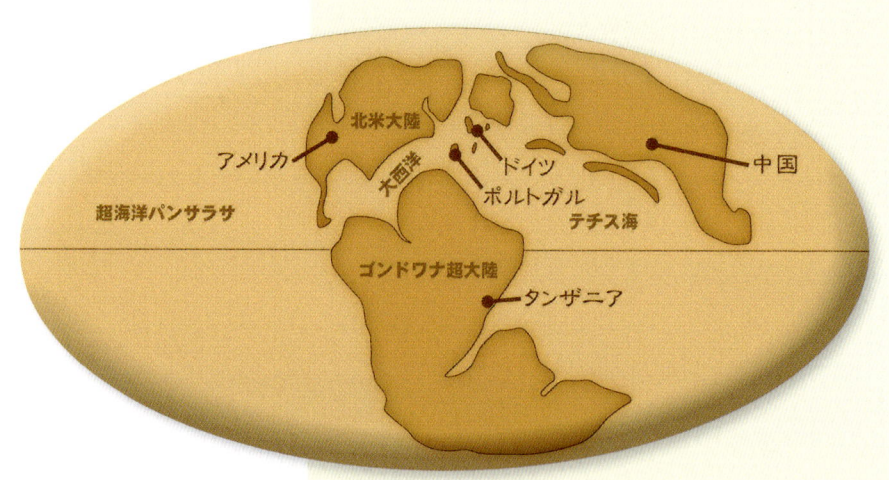

ジュラ紀の大陸配置図
しだいにバラバラになっていく超大陸。ジュラ紀は、「分裂」の時代だった。図中の国名は、本書に登場する主要な化石産地。なお、この地図では上が北である。

フリカの境となる溝が生じた。そして、北アメリカは反時計回りに回転しながら、南アメリカとアフリカから離れていく。大西洋の誕生だ。このパンゲア北部の分裂と比べると、南部の動きは比較的ゆっくりで、北アメリカが分離してからもしばらくの間は、超大陸「ゴンドワナ」として存在していた。しかし、やがて南アメリカとアフリカの間、アフリカと南極大陸の間に亀裂が生じていく。

超大陸パンゲアがあった時代、その東岸は大きく西へへこみ、遠浅の巨大な湾を形づくっていた。「テチス海」である。また、その外側にあった"外海"は、超海洋「パンサラサ」とよばれている。

新たに生まれた大西洋は、テチス海とパンサラサをつなぐ回廊となった。その結果、地球の気候は大きく変わることになる。テチス海の西部と大西洋がつながり、北アメリカと南アメリカの間が開いたことで、大西洋の西端とパンサラサの東端もつながった。赤道域をぐるりと一周回る海流ができたことにより、暖かく湿った大規模な空気の流れが発生し、諸大陸の奥深くへ水分が運ばれるようになった。

結果として、地球のほとんどの場所で、穏やかな熱帯性気候が広がることになる。各地の森林は、ソテツ類や針葉樹類、イチョウ類などで構成されていた。

テチス海のうち、とくにのちにヨーロッパとなる海域は、広大な浅海域となっていた。中小の島々が点在し、さまざまな生命の物語の舞台となった。
　こうした「暮らしやすさ」を示す環境がある一方で、"息苦しさ"があるのもジュラ紀の環境の特徴である。
　2006年にアメリカ、イェール大学のロバート・A・バーナーがまとめた地質時代における大気中の酸素濃度の変遷記録（いわゆる「バーナーの曲線」）によれば、この時代の酸素濃度は13〜15％にすぎないという。この値は、現在の地表付近の酸素濃度が21％だから、3割以上低いことになる。カンブリア紀以降の大気では最低値だ。現在の私たちがジュラ紀の世界を旅するとしたら、地上を歩くのであっても、高山病の心配をする必要がある。少なくとも私たちヒトにとって、けっして「暮らしやすい」世界ではなかったのである。

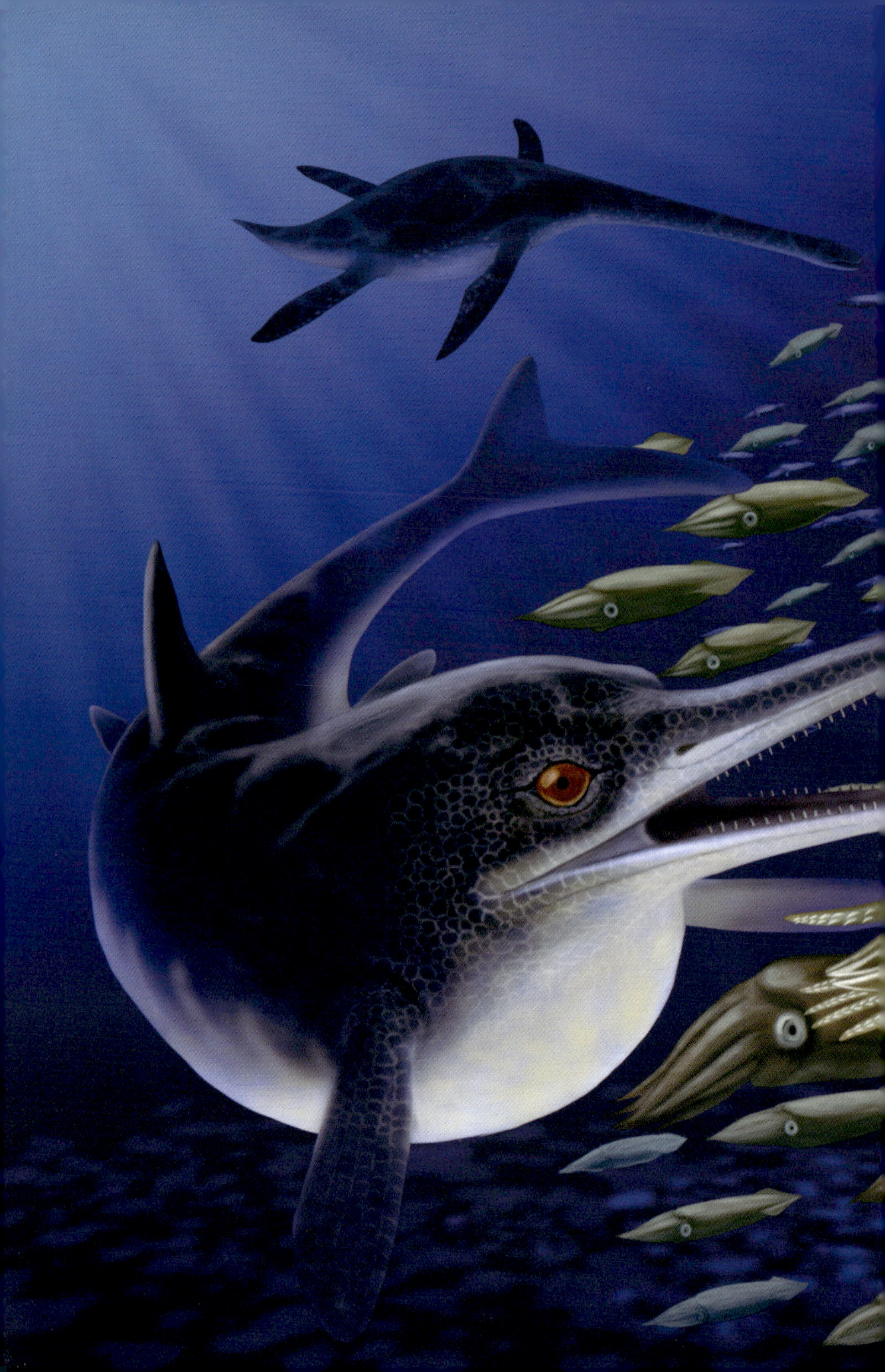

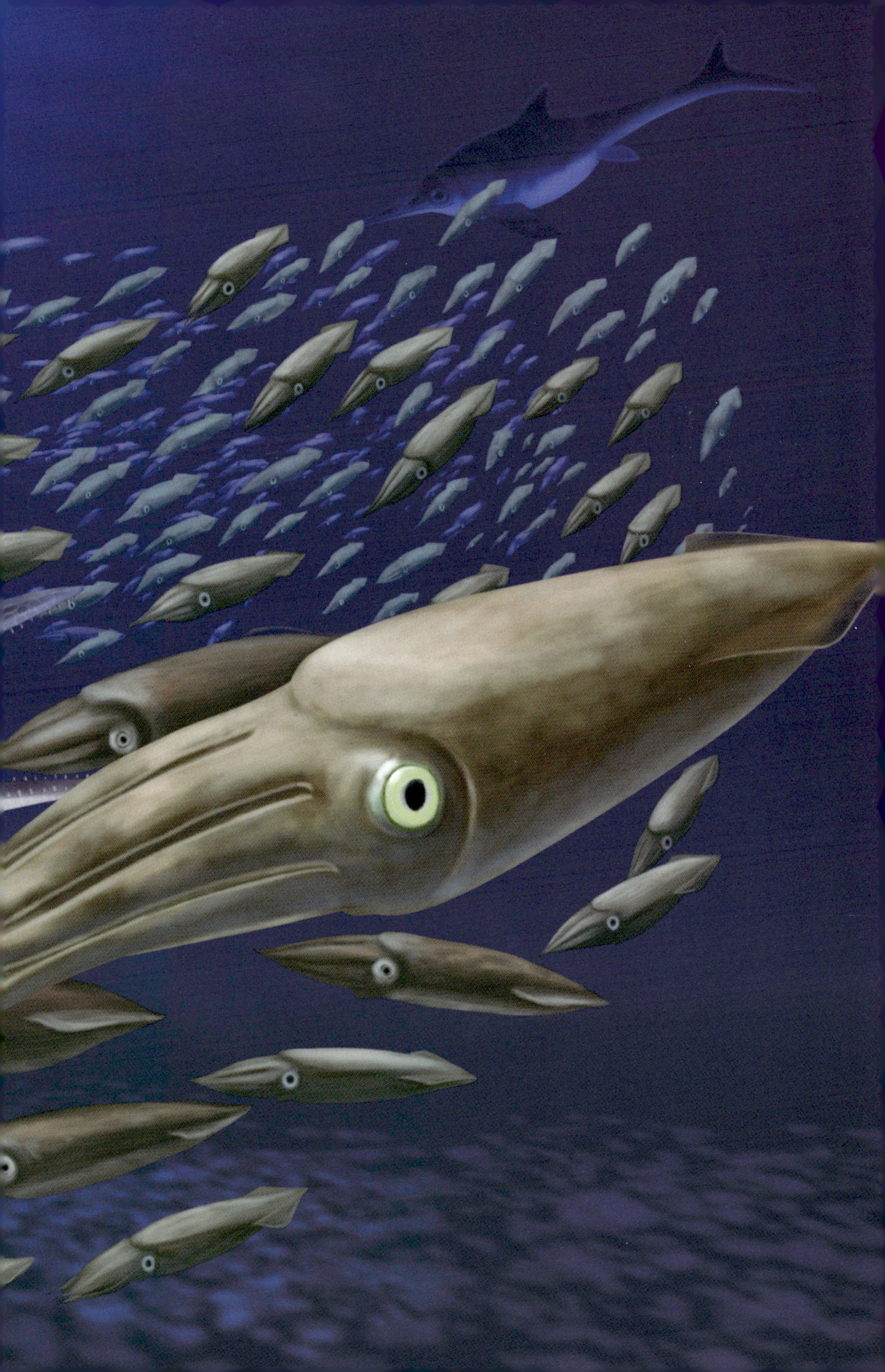

ジュラ紀

2 ドイツに開いた"第一の窓"

海から酸素が消えた日

　カンブリア紀以降の生命史には「ビッグ・ファイブ」とよばれる大量絶滅事件が存在する。そのうちの一つが三畳紀末にあったことは、前述した通りである。しかし、このビッグ・ファイブ以外にも、中規模・小規模な絶滅は、さまざまな時代、さまざまな場所で発生していた。

　ジュラ紀前期（約1億8300万年前）に、海洋動物が「科」の単位で5%ほど絶滅するという事件が発生した。2013年に発表されたカナダ、ブリティッシュコロンビア大学のアンドリュー・H・カルサーたちの論文によれば、少なくともヨーロッパ（テチス海地域）においては、底生動物と遠洋性動物の両方に大きな影響が出たという。具体的には、放散虫類、有孔虫、腕足動物、介形虫類、ウミユリ類、ヒトデ類、甲殻類、海洋性爬虫類や魚類、そして軟体動物などだ。なお、カルサーたちは、絶滅は1度ではなく合計6回にわたり、テチス海地域以外でも発生していた、とまとめている。

　この絶滅事件の原因は、海洋の無酸素化にあるという。酸素のない、あるいは少ない海域が拡大することによって動物たちが呼吸できなくなり、絶滅していったという見方である。ジュラ紀を細分化したときの時代名をとって、この海洋無酸素化は「トアルシアン海洋無酸素事変」とよばれている。

　ハンガリー国立自然史博物館のジョゼフ・パルフィと、カナダのブリティッシュコロンビア大学のポール・L・スミスは、トアルシアン海洋無酸素事変にともなう絶滅のピークと、南アフリカのカルー盆地で発生した大規模な火山活動が一致するという研究を2000年に発表している。パルフィとスミスが考える海洋無酸素事変のシナ

リオは次のようなものだ。

　——当時の南アフリカでは、100万〜200万年間にわたって大規模な火山活動が続いていた。この間に、大気中へ放出された火山性ガスによって温暖化は地球規模で進み、その結果、海水面が上昇して各地で陸地が海の底へと沈んだ。陸地にはさまざまな栄養分がある。陸地が海中に沈んだことにより、その栄養分が海の中に"溶け出して"、海洋は一時的に栄養過多の状態になった。この栄養分の多くは有機物で、有機物は酸素と結びつく。その結果、海洋から酸素が失われていき、動物たちが大量に死に追いやられていった——というわけである。

　ほかにも、大量の火山性ガスが海水に溶け込んだために、海洋の酸性化が進み、アンモナイト類などは殻の主成分である炭酸カルシウムが減少する（"溶けてしまう"）という指摘もある。いずれにしろ、温暖化が海洋生物にとってはあまりありがたくない状況というのは、現在の地球と変わりない。

ホルツマーデン

　トアルシアン海洋無酸素事変のときに堆積した地層がドイツに分布している。その地層の名を「ポシドニア頁岩層（けつがん）」という。地域名をとって「ホルツマーデン」の名でもよく知られている。

　そもそもドイツは、ジュラ紀の古生物を語るうえで、けっして外すことのできない国である。「ホルツマーデン」と「ゾルンホーフェン」という、2大化石産地がこの国にはあるからだ。この二つの化石産地は、世界でもまれに見る良質な脊椎動物化石を産することで知られている。二つのうち、ゾルンホーフェンについてはのちの章に詳細を譲るとして、本章ではジュラ紀前期の地層が分布するホルツマーデンに注目したい。

　ホルツマーデンは、南ドイツ第2の都市であるシュトゥットガルトの南東30kmにある小さな街である。この街の周辺には、「頁岩」とよばれる黒灰色の岩石が分布

▲2-1
アンモナイト類
ハーポセラス
Harpoceras
ホルツマーデンでよく見られるアンモナイト。平面螺旋状に巻いた殻には肋が確認できる。直径24cm。
(Photo：Urweltmuseum Hauff – www.urweltmuseum.de)

しており、16世紀から建材として採掘されてきた。この頁岩は油分が高いことを特徴とし、戦時には石油の代替エネルギーとして利用されたこともあるという。

　ホルツマーデンの頁岩が黒色である理由は、大量の有機物を含むことにある。これは、無酸素あるいは貧酸素の環境下で、海底に降り積もった有機物を分解するバクテリアが存在しなかったことを示唆している。そのために、脊椎動物が死んだときの姿そのままの良質な化石として残されているのだ。

　世界中の良質な化石産地をまとめた『世界の化石遺産』（原著は2004年、邦訳版は2009年刊行）によれば、この地域で最初に化石が発見されたのは、1595年のこととされる。19世紀末になると、ベルンハルト・ハウフが化学者である父とともにこの地にやってきた。父の目的は油の抽出にあったようだが、ベルンハルトは油ではなく化石に注目した。彼は父の採掘場で多くの化石を発見していくことになる。そのなかには、皮膚まで残った魚竜化石も含まれていた。以後、ホルツマーデンは

世界有数の良質な化石産地として知られるようになり、ジュラ紀前期のテチス海域を語るうえで欠かせない存在となっている。なお、ハウフ家はその後、この地に私設博物館を設立した。博物館は現在も存在し、多くの化石ファンを楽しませているという（少しアクセスが悪いのが難点で、筆者は残念ながら訪問したことはない）。

　ホルツマーデンにおいて数多く産出するのは、頭足類（現在のタコやイカの仲間）の化石である。とくに、アンモナイトに関しては、「これぞアンモナイト」という姿をした**ハーポセラス**（*Harpoceras*）2-1 や**ダクチリオセラス**（*Dactylioceras*）2-2 などが多い。これらは、平面螺旋状の殻をもち、その殻には弱い肋（アンモナイトの殻に見られる突起）もある。

　また、ベレムナイト類の標本もすばらしいものが多い。軟組織である10本の腕が確認できる標本も発見されている。各腕に鋭いかぎづめが2列になって並んでいるものもあり、ベレムナイト類が獰猛なハンターであったことを伺わせる。2-3

▲2-2
アンモナイト類
ダクチリオセラス
Dactylioceras

ホルツマーデンでよく見られる、ジュラ紀を代表するアンモナイト。直径4cm。左ページのハーポセラスとの肋のちがいがわかるだろうか？

（Photo：Urweltmuseum Hauff – www.urweltmuseum.de）

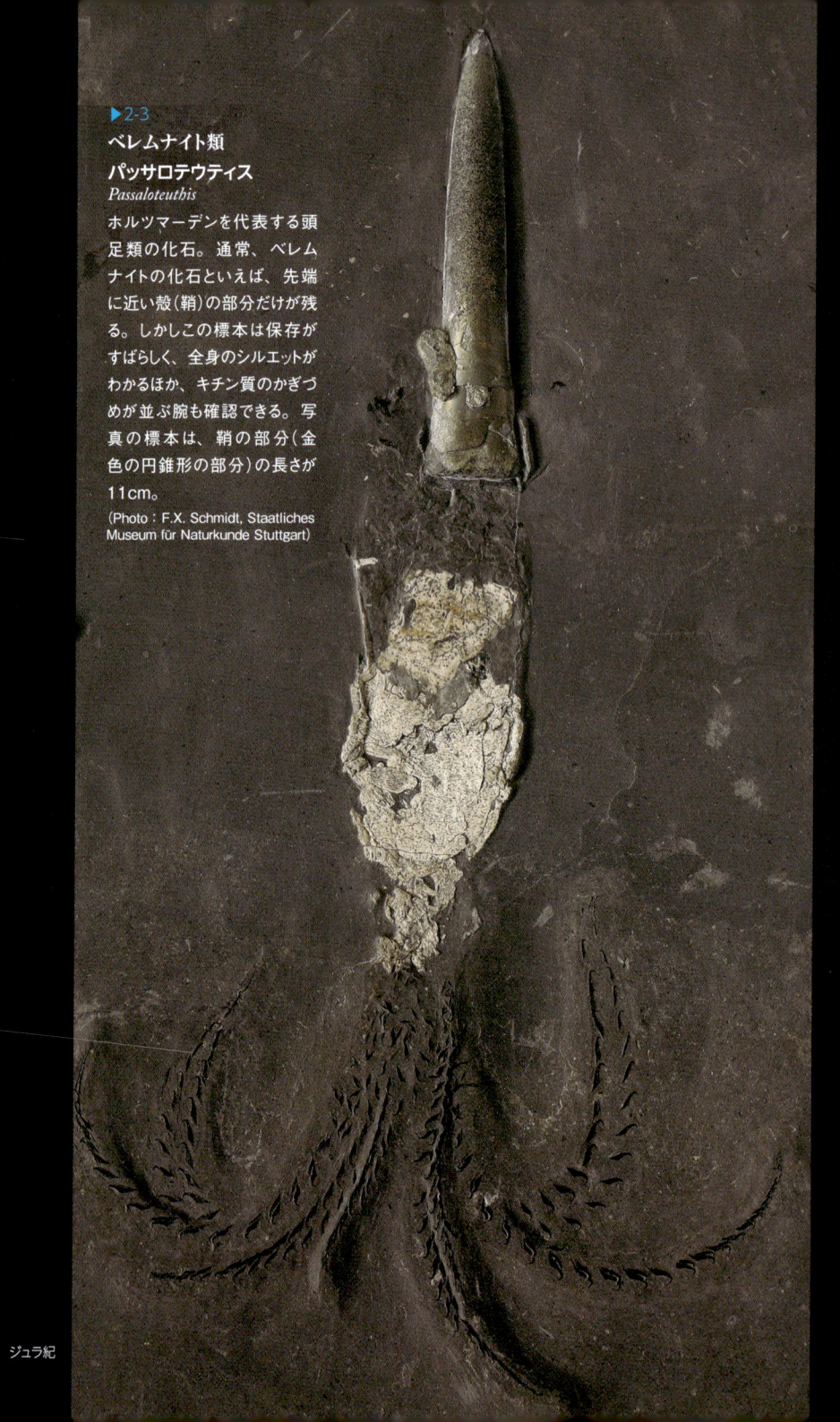

▶2-3
ベレムナイト類
パッサロテウティス
Passaloteuthis

ホルツマーデンを代表する頭足類の化石。通常、ベレムナイトの化石といえば、先端に近い殻(鞘)の部分だけが残る。しかしこの標本は保存がすばらしく、全身のシルエットがわかるほか、キチン質のかぎづめが並ぶ腕も確認できる。写真の標本は、鞘の部分(金色の円錐形の部分)の長さが11cm。

(Photo：F.X. Schmidt, Staatliches Museum für Naturkunde Stuttgart)

▲2-4
魚竜類
ステノプテリギウス
Stenopterygius
進化型の魚竜類の一つ。この標本では、有機物が黒色のフィルムとなって、通常では化石として残らない背鰭や尾鰭などの形もわかる。標本長115cm。
（Photo：Urweltmuseum Hauff – www.urweltmuseum.de）

　世界各地の良質化石産地をまとめた『EXCEPTIONAL FOSSIL PRESERVATION』（2002年刊行）によれば、良質なベレムナイト標本はすべて、吻部が砕けているという。このことから、ベレムナイトの捕食者（多くの場合、魚竜類）は、選択的にベレムナイトの吻部を食いちぎっていたのではないか、という仮説がある。

魚竜の出産シーン

　ホルツマーデン産の脊椎動物化石として、まず絶対に欠かすことができないのは、**ステノプテリギウス**（*Stenopterygius*）の標本だ。
　ステノプテリギウスは、現生のイルカにそっくりな姿をした"進化型"の魚竜類である。その全長は、大きなものでは3.7mになる。ホルツマーデンからは、とにかく見事なステノプテリギウスの化石が産出する。代表的なものはベルンハルト・ハウフが発見したもので、体の外形が有機物のフィルムとして見事に保存されていた。 2-4 この発見によって、魚竜類が背鰭をもつことが明らかになったのである。
　まさに「出産途中」という標本も有名だ。この標本では、成体の4分の1ほどの全長をもつ幼体が、成体の腰のあたりに口先を付け、尾を外に垂らした姿で保存されている。 2-5 この標本は、まさに母が子を産む瞬間が保存されたものと解釈されている。子が母から離れる間際に、ともに絶命したようだ。このとき、母の胎内には、まだ数匹の胎児がいた。

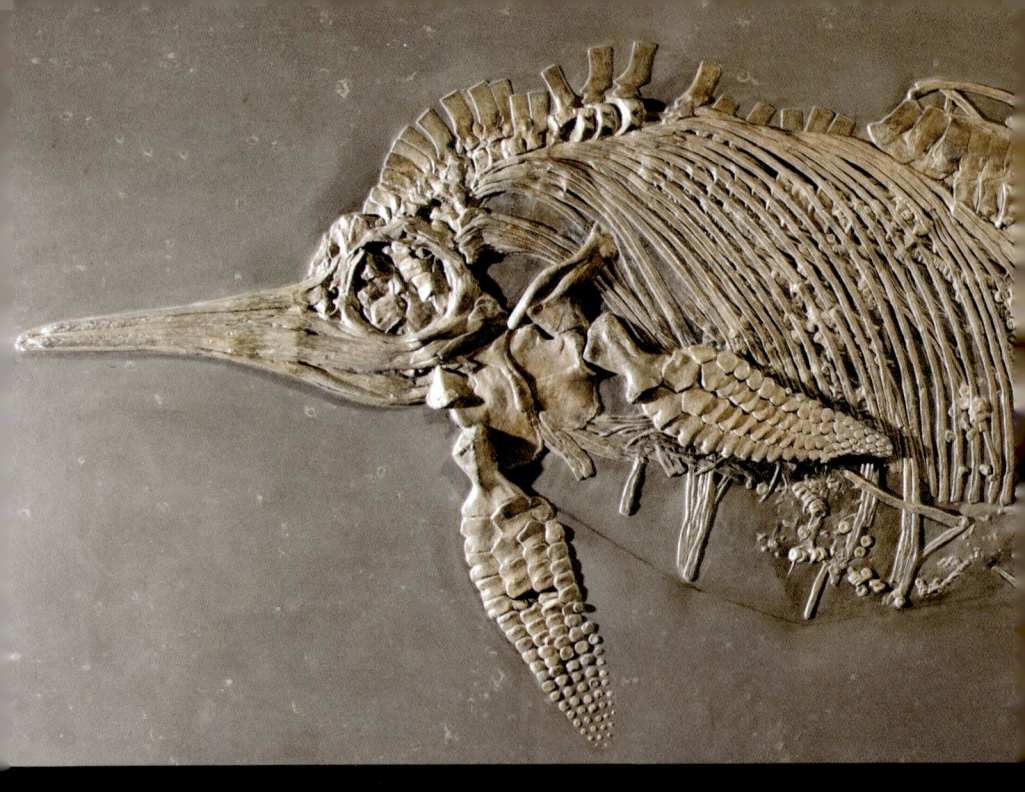

▲▶ 2-5
出産の瞬間
ステノプテリギウスの出産の瞬間が化石となった標本。全長約1.9m。母ステノプテリギウスの腰の部分から"垂れ下がる"幼体を確認することができる。すなわち、ステノプテリギウスの出産方法が、「子を尾から出す」方法であるとわかる。

(Photo：U. Schmid, Staatliches Museum für Naturkunde Stuttgart)

この出産途中の化石からわかることは多い。たとえば、魚竜類が卵生ではなく胎生（卵胎生）であったことを示す決定的な証拠となる。魚竜類は爬虫類の1グループであり、いわゆる"学校の教科書的な知識"であれば、爬虫類は卵生だ。しかし、その例外の一つとして、魚竜類は胎生であったということだ。
　また、少なくともステノプテリギウスの出産方法が、「尾から先に出す」方式だったことをこの標本は物語っている。これは、現在の海棲哺乳類の出産方法と同じだ。もっとも、2014年にアメリカのカリフォルニア大学デイヴィス校の藻谷亮介たちが発表した研究によれば、魚竜類全般が「尾から出す」出産方式だったというわけではなく、原始的な種は「頭から出す」という出産方式だったことがわかっている。後者の方法は、陸上哺乳類に多い出産方式である。
　ほかにも、胃の内容物が残った魚竜類の標本も多く、とくにベレムナイト類の殻の部分や、魚の鱗なども確認されている。

▲2-6
母ステノプテリギウスと
「バラバラ胎児」
母体の標本は、関節がつながり、ほぼ完全。しかし、胎児の化石はバラバラになって散在している。
(Photo：F.X. Schmidt, Staatliches Museum für Naturkunde Stuttgart)

バラバラ胎児のミステリー

　ホルツマーデンの"妊娠ステノプテリギウス標本"のなかにはちょっとしたミステリーをもつものがある。母体の化石はほぼ完全体で、関節が連結して残っていることに対し、胎児の化石はなぜかバラバラで、しかも母体の内外に散らばっているのだ。 2-6 なぜ、胎児の化石だけが拡散しているのか？

かねてよりいわれてきたのは、この母ステノプテリギウスの腹が破裂したというものである。死後、死体が破裂するという例は、現実に存在する。哺乳類のクジラなどで見られるもので、浜に打ち上げられている遺骸を銛などでつつくと、風船のように破裂・四散する。そのようすは、昨今ではインターネット上で動画を確認することもできるので、気が向いた方は検索してみるとよいかもしれない（なお、それなりにグロテスクなので、閲

覧には十分な注意を払われたい)。

　この破裂の正体は、体内の腐敗ガスである。内臓その他が腐敗し、それによって発生したガスで皮膚がパンパンに膨れ上がり、何かの拍子で破裂する、というわけだ。これと同じことが、ステノプテリギウスにも起きた。——そう考えられてきた。つまり、この母ステノプテリギウスは気の毒なことに、妊娠したまま死んでしまっただけでなく、死後に自らの腐敗ガスによる爆発で、胎内の我が子の遺骸をバラバラに拡散してしまった、というわけである。

　2012年、この検証を行った論文が発表された。スイス、バーゼル大学のアシム・G・ライスドルフたちは、ホルツマーデンの地層の堆積深度と腐敗ガスの圧力を比較することで、このミステリーに挑んだ。

　結論から先にいえば、どうも「バラバラ胎児」の原因は、母体の破裂によるものではなさそうである。ライスドルフたちは、ヒトの体内に発生する腐敗ガスから、ステノプテリギウスの体内にいったいどのくらいの腐敗ガスが発生したのかを試算した。その結果、算出された値では、ステノプテリギウスの遺骸が沈んでいたであろう水深50〜150mの水圧にはかなわず、遺骸が爆発四散することはなかったということが判明したのである。

　さて、腐敗ガスによる破裂説は否定された。しかし、あいかわらず、なぜ胎児の化石がバラバラなうえ母の体内外に散らばっているのかに関して、決定的な答えは出ていない。ライスドルフたちは、海底の泥を削らないようなゆっくりとした水流が、骨となった親子の遺骸から、比較的軽い胎児の骨だけを散らかした可能性を指摘している。

わずかな数のクビナガリュウ

　魚竜類と同じ海棲爬虫類でありながら、ホルツマーデンから産出するクビナガリュウ類の化石はきわめて少ない。『世界の化石遺産』によれば、完全体の数はわずか13個体であるという。この数は、2012年に刊行された

◀▲2-7
クビナガリュウ類
プレシオサウルス
Plesiosaurus
数少ないクビナガリュウ類の完全体標本の一つ。魚竜類とは異なる獲物を狙うことで、棲み分けをしていたのかもしれない。標本長260cm。下は復元図。
(Photo：Urweltmuseum Hauff - www.urweltmuseum.de)

　同書の第2版（洋書）でも変わっていない。もっとも、産地を問わず、そもそもクビナガリュウ類そのものが、完全体での化石の産出はまれであるともされている。この意味でもホルツマーデンのクビナガリュウ類の完全体標本はかなり貴重といえるかもしれない。
　『世界の化石遺産』では、ホルツマーデン産のクビナガリュウ類として、**プレシオサウルス**（*Plesiosaurus*）2-7 と**ペロネウステス**（*Peloneustes*）2-8、**ロマレオサウルス**（*Rhomaleosaurus*）2-9 を挙げている。

▲2-8
クビナガリュウ類
ペロネウステス
Peloneustes
クビナガリュウ類。「クビナガ」という言葉に反して、その首は長くない。こうしたクビナガリュウ類は、「プリオサウルス類」とよばれる。

▶2-9
クビナガリュウ類
ロマレオサウルス
Rhomaleosaurus
ペロネウステスと同様に、「プリオサウルス類」に含まれるクビナガリュウ。

　このうち、プレシオサウルスはまさにクビナガリュウ然としたクビナガリュウで、小さな頭に長い首、四つの鰭脚をもっている。中生代の海洋世界で最も繁栄した海棲爬虫類の一つである。

　ドイツ、チュービンゲン大学のミヒャエル・W・マイシュとマルティン・レックリンは、2000年にホルツマーデンから産出するプレシオサウルスの頭骨に関する研究を発表している。マイシュとレックリンによれば、このプレシオサウルスは恐ろしい捕食者であったことは疑いなく、主として魚を食べていたという。"ホルツマーデン海域"には、すでに紹介したステノプテリギウスが多

く生息していた。彼らの主食は頭足類とみられており、その意味で魚を狙うプレシオサウルスは、彼らと棲み分けをしていた可能性もある。

　一方で、ペロネウステスとロマレオサウルスも同じクビナガリュウ類ではあるが、見た目はプレシオサウルスとはやや異なる。彼らはクビナガリュウ類でありながら、首はさほど長くないのだ。彼らは「プリオサウルス類」とよばれる、"首の短いクビナガリュウ類"に分類される。プリオサウルス類は、海洋生態系のトップに君臨していたとされている（ただし、プリオサウルス類そのものが一つのグループではないという指摘もある）。このあたり、詳しくはのちの章でまとめることにしよう。

ワニ、翼竜、魚類……吐いたのはだれだ？

　ホルツマーデンから産出する脊椎動物の化石は、魚竜類とクビナガリュウ類だけではない。ここで、『世界の化石遺産』からかいつまんで紹介しよう。

　ワニ類は、世界で数体しか化石が発見されていない超希少種、**プラティスクス**（*Platysuchus*）が見つかっている。2-10 全長3mで、背に頑丈な"装甲"（鱗板骨）をもつ種だ。ホルツマーデンで産出するワニ類で最も多いのは、**ステネオサウルス**（*Steneosaurus*）という、吻部の細長い種である。2-11

　翼竜は**ドリグナトゥス**（*Dorygnathus*）2-12 と**カンピログナトイデス**（*Campylognathoides*）2-13 の産出報告がある。どちらも、頭が小さく尾が長い翼竜類（ランフォリンクス類）に属するもので、ほぼ完全体が発見されている。

　海洋で堆積した地層としてやはり欠かすことができないのは魚類の化石だ。ホルツマーデンからは数種類が産出している。そのなかで本書では、条鰭類**ダペディウム**（*Dapedium*）に注目したい。2-14

　ダペディウムは、現生のタイの仲間のように扁平な体をしており、分類的にはガー類などの、いわゆる古代魚の仲間とされる。口に釘のような鋭い歯が並ぶことも特徴である。

32　ジュラ紀

◀2-10
ワニ類
プラティスクス
Platysuchus
背中を頑丈な装甲で覆ったワニ。超希少種で、標本は世界で数体しか発見されていない。標本長120cm。
(Photo: Urweltmuseum Hauff – www.urweltmuseum.de)

◀2-11
ワニ類
ステネオサウルス
Steneosaurus
ホルツマーデンで最も多く見られるワニ。吻部が細長い。標本長470cm。
(Photo: Urweltmuseum Hauff – www.urweltmuseum.de)

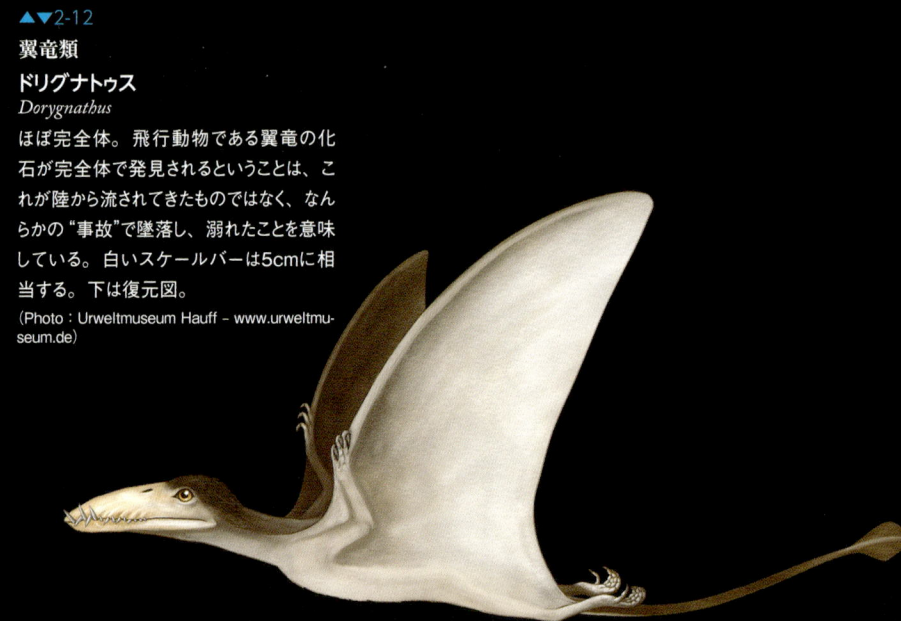

▲▼2-12
翼竜類
ドリグナトゥス
Dorygnathus
ほぼ完全体。飛行動物である翼竜の化石が完全体で発見されるということは、これが陸から流されてきたものではなく、なんらかの"事故"で墜落し、溺れたことを意味している。白いスケールバーは5cmに相当する。下は復元図。
(Photo：Urweltmuseum Hauff – www.urweltmuseum.de)

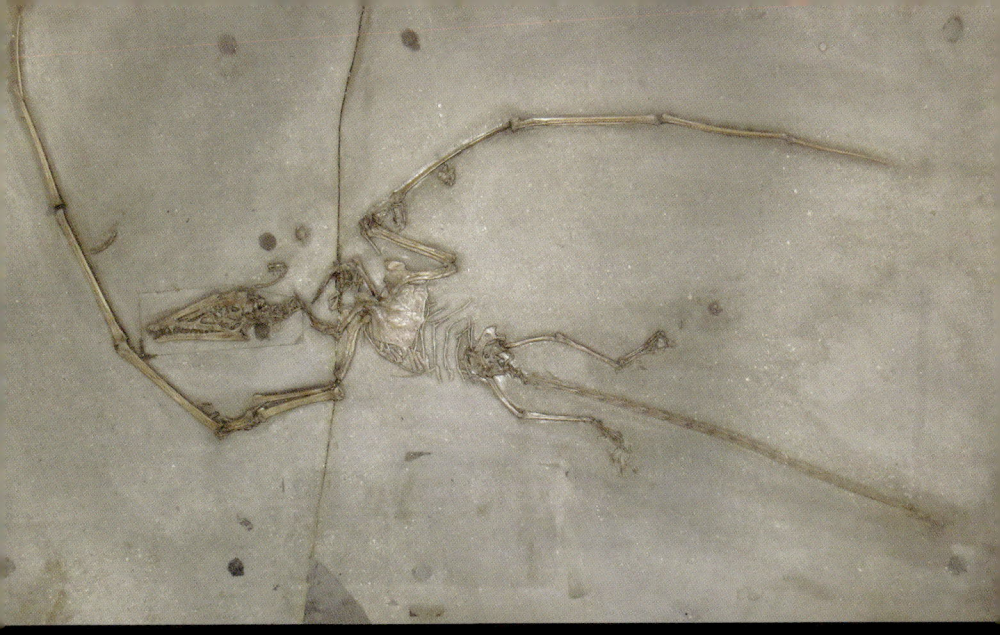

▲2-13
翼竜類
カンピログナトイデス
Campylognathoides
前ページのドリグナトゥスと同様、ほぼ完全体の骨格。標本は、母岩の大きさが42.5×72.5cm。
(Photo：Carnegie Museum of Natural History)

▼2-14
条鰭類
ダペディウム
Dapedium
海底付近を泳いでいたとみられる魚。かたい鱗をもっていた。標本長33.5cm。
(Photo：Urweltmuseum Hauff – www.urweltmuseum.de)

▲2-15
吐瀉されたダペディウム
比較的鱗の外形などが残っている部分に1匹（A）。その右上に1匹（B）、下に1匹（C）、左上に1匹（D）。少なくとも合計4匹のダペディウムが含まれている。
(Photo：D. Thies and R. B. Hauff)

　ホルツマーデンからは、ダペディウムを含む「吐瀉物の化石」が発見されている。 2-15 それは、一度食べられたのち、未消化のまま吐き出されたものとみなされており、ダペディウム4個体＋αが含まれていた。2013年、ドイツ、ハノーバー大学のデルテフ・ティエスと、地元博物館のロルフ・ベルンハルト・ハウフは、この吐瀉物を吐き出した動物はいったい何だったのか、という研究を発表している。

　この吐瀉物の化石は、長径30cm近くのサイズがあり、その中に18cmのダペディウム1個体がほぼ丸のまま確認できた。このサイズのダペディウムを捕食できる無脊椎動物の化石はホルツマーデンから発見されていないため、"犯人"は脊椎動物に絞り込まれた。

　ティエスとハウフが注目したのは、爬虫類だ。とりわけ前述したワニ類のステネオサウルスは、いかにも魚を捕ることに適した顎をもっており、これまでも有力候補とみられてきた。しかし、吐瀉物中で唯一、魚の形

を残している個体には、ワニ類のものとみられる歯型はなかった。また、どのワニ類の化石の胃の内容物を探しても、魚類を食べていた痕跡はなかった。こうした状況証拠は、いわずもがな、ワニ類がダペディウムを食していた可能性が低いことを物語る。

　ホルツマーデンから産する脊椎動物のなかで唯一、化石の胃の部分からダペディウムが確認されたのが、魚竜類ステノプテリギウスの幼体である。成体のステノプテリギウスの胃はベレムナイトで満たされていることが多いが、幼体の胃にはダペディウムが確認できたのだ。ティエスとハウフは、幼体のステノプテリギウスこそがダペディウムを狩っていた「容疑者」だ、としている。もっとも、「犯人」と断定するには情報が不十分というただし書き付きだ。エナメル質をもつダペディウムの鱗はかたく、消化を妨げた可能性は高い。あまり食欲をそそる獲物ではなかったのかもしれない。

旅をするウミユリ

　古生代の海で「海の草原」とまでいわれたウミユリ。しかし三畳紀以降、その数はかつてほど多くはなく、また分布も限られるようになった。……とはいえ、ホルツマーデンからは、じつに特徴的なウミユリが産出するので紹介しておきたい。**セイロクリヌス・スバングラリス**(*Seirocrinus subangularis*)だ。細く長い茎の先に多くの腕をもち、付け根に小さな萼をもつウミユリである。

　ここでは、1999年に刊行された『Fossil Crinoids』を参考に話を進めていこう。

　ホルツマーデンから産出するセイロクリヌスの特徴は、ほとんどの個体が丸太とともに発見されるということである。もちろん、「丸太」といっても現在の植物の幹ではなく、化石化したものだ。その丸太に、セイロクリヌスの茎が密着しているのである。しかも、丸太の両端に集まる傾向にある。

　セイロクリヌスは丸太に付着して当時の海を旅していた。そんな解釈が『Fossil Crinoids』で紹介されてい

ウミユリ類
セイロクリヌス
Seirocrinus

ホルツマーデンから産出するセイロクリヌスのほとんどの個体が流木に集団で付着している状態で発見される。白いスケールバーは20cmに相当する。
(Photo：Urweltmuseum Hauff
www.urweltmuseum.de)

る。丸太、もとい、流木の両端に多く集まっているのは、その場所が最も多くの食料（プランクトンなど）にありつけるからだ。浮遊する流木は、水の流れを受けて左右に振れる。この振れ幅が最も大きくなる場所が、流木の両端なのである。

　セイロクリヌスの密集の度合いは想像をこえている。2-16 流木そのものではなく、セイロクリヌスの成体と思われる大きな個体の茎に、幼体とみられる小さな個体が付着している例もあるくらいだ。13mの長さの流木に、じつに約280個体のセイロクリヌスが密集している例もある。流木は、長いものでは18mに達したとされる。標本のプレパレーション（化石を岩から掘り出す作業）に18年かかったといういわく付きだ。しかもこの流木は、二枚貝の殻でびっしりと覆われていた。

　もっとも、ここまで密集すると、いくらなんでも重すぎて流木が浮いていられなかったのではないか、という指摘もある。

　セイロクリヌスの"流木標本"のなかで密集度合いの高いものは、流木の周囲に不規則に茎がのびており、しかも、腕を開いている例が多い。このことから語られているセイロクリヌスと流木に関する"旅のシナリオ"は、次のようなものだ。

　流木に付着して海を浮遊していたセイロクリヌスは、当然のことながら時が経つにつれて成長していく。その結果、流木はしだいに重くなり、加えて二枚貝なども付着することで、ますます重くなっていく。一定以上の重さになると、流木は浮遊能力を失って沈む。ほかの、海底で上に向かって茎をのばす種類のウミユリとは異なり、セイロクリヌスの茎は海底で自身を支えられるほど強固ではない。結果として、沈底した流木のまわりに不規則に、しおれるように腕を開いて倒れていく。

　こうしてできあがったのが、流木のまわりに茎が不規則にのび、腕が開かれた状態の化石標本、というわけである。

> ジュラ紀

3 | 躍進する爬虫類。 そして、カエル

巨大な眼をもつ魚竜

　本格的に恐竜産地を扱う章に入る前に、そのほかの産地で見つかっているさまざまな脊椎動物について、ページを割いておきたい。

　俗に「中生代の三大海棲爬虫類」といえば、魚竜類、クビナガリュウ類、モササウルス類を指す。このうち、モササウルス類は白亜紀のグループなので『白亜紀の生物』に譲るとして、本章ではジュラ紀の魚竜類とクビナガリュウ類について少しまとめておきたい。

　まず、魚竜類である。魚竜類そのものは三畳紀に出現し、瞬く間に海洋生態系の上位に君臨した。短期間のうちに進化をとげ、グループにおける最大の種が出現したのも三畳紀である (詳細は、前巻の『三畳紀の生物』をご覧いただきたい)。

　そんな魚竜類のなかで、確実に紹介しておかなければならないのは、イギリスのジュラ紀後期の地層から化石が産出している**オフタルモサウルス・イケニクス** (*Ophthalmosaurus icenicus*) だろう。 3-1

　オフタルモサウルスは、典型的な魚竜類の姿のもち主だ。つまり、現生哺乳類でいうところのイルカとよく似た姿をしている。全長は3〜4mほど。魚竜類としては大きくもなく、小さくもないというサイズである。ただし、この魚竜類は体のわりには巨大な眼をもっているという特異性がある。その大きさはじつに直径23cm。現在の脊椎動物における最大の眼は、全長25mのシロナガスクジラがもつ直径15cmの眼だから、オフタルモサウルスの全長に対する眼の大きさたるや、推して知るべしである。

　そして、この眼は性能が良い。

　眼そのものは化石に残らないが、哺乳類以外の脊椎

◀▲3-1

魚竜類
オフタルモサウルス
Ophthalmosaurus
復元図（上）と、その眼の「鞏膜輪」（左）。鞏膜輪は、ありし日の動物たちの"視力"を推測する手がかりとなる。オフタルモサウルスの鞏膜輪は直径23cmにもおよぶ巨大なものだ。詳細は本文にて。
（Photo：The Trustees of the Natural History Museum, London）

動物は眼球の内部に「鞏膜輪（強膜輪とも）」というリング状の骨をもっており、この骨が化石に残ることがある。眼球を保護する骨だ。魚竜類の鞏膜輪はとくに発達しており、オフタルモサウルスにおいてもそれは例外ではない。アメリカ、カリフォルニア大学デイヴィス校の藻谷亮介たちは、1990年代にこの鞏膜輪を調べることで、カメラでいうところの「開放F値」を算出している。

開放F値とは、「開放絞り値」ともよばれるものだ。レンズの絞りを全開にしたときの絞り値（F値）のことで、昨今のデジカメでは、マニュアル操作でこの調整を簡単にできるものも多い。「F4」や「F5.5」などといった具合に表示される。この数値は、小さければ小さいほど多くの光がレンズを通るようになる。つまり、暗闇でも撮影することができるようになる。また、小さければ小さいほど、ピントが絞られる。参考までに書き出しておくと、スマートフォンの代表格として知られているアップル社のiPhoneシリーズにおける開放F値は、iPhone5CがF2.4、iPhone5SではF2.2である。iPhoneはバージョンを上げるごとにカメラの開放F値を下げており、夜間でも撮影ができるように変化してきた。iPhoneに限らず、カメラ付きの携帯電話をお持ちの方は、ぜひそのスペックを調べてから夜間撮影を試みてもらいたい。開放F値が低ければ、その性能を実感してもらうことができるだろう。ちなみに、人間の眼の開放F値は2.1ほどとされている。

さて、本題に戻る。藻谷たちの測定では、オフタルモサウルスの開放F値は0.8〜1.1（平均0.9）だった。iPhoneや人間の眼よりもはるかに夜目が効いて、現生哺乳類のネコとほぼ同等である。この値は、たとえば水深500m以上の暗闇でも視界を確保できたことを意味するという。

魚竜類は爬虫類である以上、呼吸法は肺呼吸であり、息継ぎのためには水面に顔を出さなくてはいけない。しかし、オフタルモサウルスに関していえば、約20分間は息継ぎなしで潜っていることができたという指摘もある。眼の開放F値のデータとあわせて、この魚竜類

が深海で活動ができたことを物語っている。

クビナガリュウ類、繁栄す

　「クビナガリュウ類」といえば、日本では最も知名度の高い古生物グループの一つだろう。小さな頭、長い首、樽をつぶしたような胴体に四つの鰭脚。おそらく多くの方が、そのイメージを思い浮かべることができるにちがいない（と思いたい）。

　日本においてクビナガリュウ類の知名度が高い理由は、1968年に福島県いわき市で発見されたフタバサウルス・スズキイ（*Futabasaurus suzukii*）、和名でいえば、フタバスズキリュウのおかげだろう。また、フタバサウルスをモデルとした国民的アニメ映画『ドラえもん のび太の恐竜』（1980年公開、2006年にリメイク版公開）の影響もあるにちがいない。筆者の経験からいえば、"ピー助"とよばれていたアレの仲間です」と、説明を加えることで、幅広い世代の方々にその姿を想像していただけるようである。

　さて、クビナガリュウ類はジュラ紀になって多様化をとげた海棲爬虫類である。前述のフタバサウルスは白亜紀後期の種だが、フタバサウルスよりも1億年近く前のジュラ紀前期に登場した「プレシオサウルス」は、すでにフタバサウルスとそっくりの風貌をもっていた。3-2 フタバサウルスは全長7m、プレシオサウルスは全長3mと、サイズのちがいこそあるものの、その姿かたちは酷似している。おそらく、その外見だけで種を特定できるのは、専門の研究者だけだ。

　そんなクビナガリュウ類のなかで、本書でぜひとも紹介しておきたいのは、「首の短いクビナガリュウ類」である。なんとも矛盾したよび名だが、要はクビナガリュウ類の中に分類されながらも、長い首をもたないグループである。このグループの名を「プリオサウルス類」という（前章でも触れたように、近年、プリオサウルス類は単一のグループではない、という指摘もある）。

　プリオサウルス類は、ジュラ紀中期に登場した。全

▼3-2
プレシオサウルスの復元図
いわゆる「首の長い」クビナガリュウ類である。クビナガリュウ類には、ほかにもいくつかのグループ（タイプ）が存在する。

▲▶3-3
**プリオサウルス類
リオプレウロドン**
Liopleurodon
全身復元骨格と復元図。鋭く大きな歯と、巨体が特徴のクビナガリュウ類である。標本長4.5m。
（Photo：Wolfgang Gerber, University of Tübingen）

長の4分の1を占める巨大な頭部が特徴である。あごは力強く、歯は太くて鋭い。『Vertebrate Palaeontology』の第3版（2005年刊行）で、著者のマイケル・J・ベントンは、プリオサウルス類が小型のクビナガリュウ類や魚竜類を食べていた可能性について触れている。

ジュラ紀のプリオサウルス類として、本書では次の2種類を紹介しておきたい。

一つは、イギリスやフランスから化石が発見されている**リオプレウロドン**（*Liopleurodon*）だ。 3-3 部分化石しか発見されていないものの、全長12m以上とされる大型種である。太い円錐形の歯は長さ20cmにおよび、歯の根元の直径は3cmもあった。この大きさは、同時代の海棲脊椎動物の間では類を見ない。

もう一つは、グループ名にもなっている**プリオサウルス**（*Pliosaurus*）だ。 3-4 こちらは、ジュラ紀中期のイギリスから化石が発見されており、なかには頭骨だけで2mに達するものもいるという大型種である。

イギリス、オックスフォード大学のロジャー・B・J・ベンソンたちは、2013年に発表したプリオサウルス類

45

ジュラ紀

▲3-4
プリオサウルス類
プリオサウルス
Pliosaurus
いわき市石炭・化石館で所蔵・展示されている全身復元骨格。グループ名にもなっている代表的な「首の短いクビナガリュウ類」である。標本長6.5m。
(Photo：安友康博/オフィス ジオパレオント)

▲▶3-5

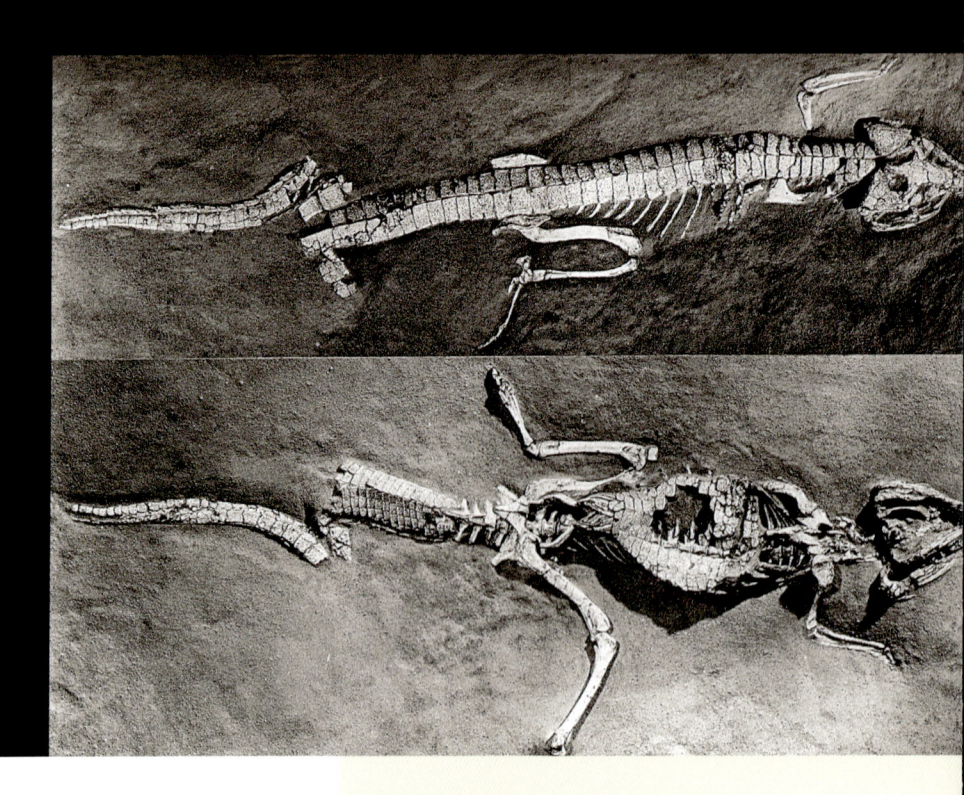

ワニ形類

プロトスクス
Protosuchus

背側から見た骨格標本(上段)と、腹側から見た骨格標本(下段)と復元図。とくに背側に注目されたい。ワニの"鱗"が2列になって並んでいることがわかるだろう。プロトスクスの全長は1mほどで、長さだけを見ると現在の大型犬と同じくらいである。
(Photo: No.AMNH 3024, American Museum of Natural History Library)

48 | ジュラ紀

の頭骨に関する研究のなかで、プリオサウルス類は進化が進むほどに大きな頭骨をもつようになった、と指摘している。

最古のワニ、登場

時計の針を少し戻そう。

三畳紀の地上を支配した爬虫類グループに「クルロタルシ類」がいた。彼らは、現生ワニ類の祖先を含むグループで、恐竜や哺乳類のように体の真下へまっすぐのびた四肢をもっていた。10m級の大型肉食種から、走ることに特化した種、植物食種などさまざまな種が出現し、「三畳紀はクルロタルシ類の黄金時代」といわれるまでに繁栄した。

しかし、三畳紀末の大量絶滅事件で多くのクルロタルシ類は姿を消した。唯一生き残ったのは、「ワニ型類」という現生ワニ類へとつながるグループのみである。

いささかややこしいのだが、ほどなくしてこの「ワニ型類」のなかに「ワニ形類」が現れる。念のために英語で書いておくと「Crocodylomorpha」のなかに「Crocodyliformes」が生まれたことになる。「-morpha」から「-formes」へ。英語の方が少しわかりやすい。

ワニ形類の代表は、アメリカのアリゾナ州、カナダ、そして南アフリカから化石が産出している**プロトスクス**(*Protosuchus*)だ。[3-5] ちなみに、各地域のプロトスクスは、同属別種として報告されている。

現生ワニ類へ連なるといっても、プロトスクスの見た目は、現生ワニ類とはだいぶ異なるものだ。こうした初期のワニ類とその仲間たちに関しては、北海道大学総合博物館の小林快次が著した『ワニと恐竜の共存』(2013年刊行)が詳しい。

プロトスクスは全長1mほど、腰の高さが30cmほどの大きさである。筆者の家にいるラブラドール・レトリバーが、頭の先から尾の先まで110cm、肩の高さ55cmなので、プロトスクスはわが家の愛犬と長さは同じくらい、高さはやや低いといった具合だ。

▼▶3-6
ワニ形類
ゴニオフォリス
Goniopholis
復元図と頭骨(群馬県立自然史博物館所蔵標本)。半水半陸棲で、現生のワニとそっくりな見た目をもつ。頭骨の標本長48cm。
(Photo：安友康博/オフィス ジオパレオント)

　プロトスクスと現生ワニ類との大きなちがいの一つは、四肢の付き方である。現生ワニ類の四肢が体から側方に向かって付く、いわゆる「這い歩き型」であることに対し、プロトスクスは、絶滅した多くのクルロタルシ類と同じく、体の真下に向かって付く「直立歩行型」だった。ほかにも、現生のワニ類は背中に「鱗板骨」という鱗を6列もっていることに対し、プロトスクスのそれは2列しかないというちがいもある。

　現生ワニ類とのちがいは、生息域にも現れている。現生ワニ類はいわば「水辺の王者」であり、河川の近くに生息する。しかし、プロトスクスは内陸性だった。プロトスクスが登場した時点で、ワニ類の祖先はまだ水辺に進出していなかったのである。

　プロトスクスの特徴はまだある。同属別種とはいえ、生息範囲がアメリカ南西部とカナダ、そして南アフリカと、非常に広いという点だ。『ワニと恐竜の共存』のなかで小林は、これだけ広い範囲に分布できた背景に、直立歩行があった可能性を指摘している。もし「這い歩き」であれば、脚を前に出すために体をくねらせる必要がある。そうではなく直立歩行をしていたからこそ、効率的にエネルギーを使い、内陸を自由に歩き回ることができた、というわけである。

▲3-7
**ワニ形類
エウトレタウラノスクス**
Eutretauranosuchus
ゴニオフォリスと同じく、現生のワニとそっくりな見た目。頭骨の内部も比較的進化的だ。詳細は本文にて。

ワニ形類、水辺に進出す

　引き続き、『ワニと恐竜の共存』を軸に話を進めていこう。

　前述の通り、現生ワニ類は「水辺の王者」だ。しかしその祖先は、内陸を自由に歩き回る、完全なる陸上生活者だった。

　水辺で暮らす、いわば半陸半水のワニ形類が出現したのはジュラ紀後期になってからだった。その代表が、**ゴニオフォリス**（*Goniopholis*）3-6 と**エウトレタウラノスクス**（*Eutretauranosuchus*）3-7 である。ともに、『ワニと恐竜の共存』で、「どう見ても現在のワニ類とそっくりである」と紹介されている種だ。

　ゴニオフォリスは、アメリカとヨーロッパのジュラ紀後期・白亜紀前期の地層から化石が産出している。アメリカの西コロラド博物館のジョン・フォスターが2007年に著した『JURASSIC WEST』によれば、ゴニオフォリス属には複数種が報告されており、その大きさは全長2〜3mほどである。四肢は現生ワニ類と同じように水平方向にのびる。フォスターは、ゴニオフォリスは現在のクロコダイルやアリゲーターと似た生態（つまり半水半陸の捕食者）だったとし、魚や小さな両生類、恐竜、

哺乳類などを捕食していたとまとめている。

一方のエウトレタウラノスクスは（……じつに覚えにくいし、書きにくいし、読みにくい名前である）、アメリカのジュラ紀後期の地層から化石が産出しており、全長は1.8mほどだ。『ワニと恐竜の共存』で、小林はエウトレタウラノスクスの内鼻孔に注目している。

「内鼻孔」は、文字通り「内側の鼻の孔」だ。ワニに限らず、私たちヒトを含めた脊椎動物は、頭骨に鼻の孔があいている。このうち、頭骨の外側にある、いわゆる「鼻の孔」を「外鼻孔」とよび、頭骨の内側にあって気管とつながる孔のことを「内鼻孔」とよぶ。

この内鼻孔の位置が、ワニ形類の進化を考えるときに重要なポイントなのである。

内鼻孔が口蓋の前の方、つまり口先に近い場合、外鼻孔から入った空気は口腔へと入る。空気はその後、口腔から気管へと進む。この場合、食料が口の中にある間は呼吸がしにくい。内鼻孔の位置が後方に下がり、口腔から離れれば離れるほど、呼吸と食事は別に行うことができるようになる。原始的なワニ形類は口蓋前方に内鼻孔があったことに対し、現生ワニ類の内鼻孔は完全に後方に位置している。小林によれば、エウトレタウラノスクスはまだ進化途中ではあるものの、口蓋の後ろに内鼻孔が移動している、という。

ワニ形類、水中に進出す

ゴニオフォリスやエウトレタウラノスクスが水辺の支配に乗り出す少し前からほぼ同時期にかけて、水中に進出したワニ形類がいた。その代表が、**メトリオリンクス**（*Metriorhynchus*）、**ゲオサウルス**（*Geosaurus*）、**ダコサウル**

▲3-8
ワニ形類
メトリオリンクス
Metriorhynchus
全長2〜3mほどの、完全な海棲ワニ形類。背中の鱗はなく、尾の先端には尾鰭があった。

ス（*Dakosaurus*）である。この3属はまとめて、「メトリオリンクス類」とよばれる。

　メトリオリンクス類の3属のなかで最初に出現したのが、メトリオリンクスだ。[3-8] 化石はイギリスやヨーロッパのジュラ紀中期の地層から発見されている。

　メトリオリンクスは全長2〜3m。その見た目は、陸棲や半水半陸棲のワニ形類とかなり異なる。吻部が細長くのび、四肢は鰭脚となっているのだ。背中には、身を守るための鱗板骨はない。防御性能は下がるものの、おかげで体の柔軟性が増している。胴体は、陸棲や半水半陸棲のワニ形類の扁平な胴とは異なり、やや丸みを帯びている。そして、尾の先端には三日月型の尾鰭があった。

　完全なる水中適応である。

　ゲオサウルスとダコサウルスは、メトリオリンクスと入れ替わるように、ジュラ紀後期に出現した。ともにメトリオリンクスと同じく水中適応した体をもつ。ゲオサウルス[3-9]は全長2mと、ほぼメトリオリンクスと同サイズであり、ダコサウルスは、メトリオリンクス類のなかでは最大種で、全長は4mをこえた。1997年に刊行された『Ancient Marine Reptile』のなかで、フランス、パリ第6大学のステファン・ウアと、エリック・ビュフュトーは、この全長のちがいは、おそらく食性のちがいを反映したものである、としている。

　『ワニと恐竜の共存』では、こうした吻部の細長いメトリオリンクス類のなかで「唯一の例外」として、アルゼンチンのパタゴニア地方から化石が

▼3-9
ワニ形類
ゲオサウルス
Geosaurus
メトリオリンクスに近縁な海棲ワニ形類。全長2mほど。メトリオリンクスと入れ替わるようにして、テチス海に出現した。

▲▼3-10
ワニ形類
ダコサウルス
Dakosaurus
頭骨(標本長85cm)と復元図。「寸詰まりの頭部」という特徴がよくわかる。海棲ワニ形類の多様性を示唆するとされる。メトリオリンクスに近縁。
(Photo：Dr. Zulma Gasparini / Museo de La Plata, Argentina)

発見されたダコサウルス・アンヂニエンシス（*Dakosaurus andiniensis*）を挙げている。 3-10

　ダコサウルス・アンヂニエンシスは、アルゼンチンの国立ラ・プラタ大学に所属するツルマ・ガスパリーニたちによって、ジュラ紀と白亜紀の境界に当たる地層から発見され、2006年に報告されたダコサウルス属の1種である。ダコサウルスがメトリオリンクス類のなかで「唯一の例外」である理由は頭部にある。吻部が、やたら寸詰まりなのである。

　メトリオリンクス類において、多くの種の吻部が細長いことには意味がある。細長い吻部は、水の抵抗を弱め、獲物をすばやく狩ることができるのだ。しかし、ダコサウルスはこの利点を放棄しているのである。このダコサウルスに対して、小林は著書のなかで、完全な水中生活であるにも関わらず、陸上に棲むワニの仲間たちにそっくりであると指摘している。そのため、魚ではなく、ほかの何かを主要な獲物としていた可能性もあるという。

　化石を報告したガスパリーニたちは、この発見によって海棲のワニ形類には、これまで考えられていた以上の多様性があったことがわかる、とまとめている。

カエル、跳躍す

　水つながり、というわけではないが、ここで、カエルの話をしたい。

　カエルに関して、本シリーズではすでに2回、主要な種を紹介してきた。最初に登場したのは、『石炭紀・ペルム紀の生物』の「第2部　ペルム紀」だ。ここで、イモリの仲間（有尾類）とカエルの仲間（無尾類）の共通祖先として、両生類**ゲロバトラクス**（*Gerobatrachus*）を紹介した。 3-11

　ゲロバトラクスは、カエルにそっくりな顔つきをもちながら、足首などはイモリと同じ特徴をもち、尾ももっていた。跳ねて移動するよりは、ごく普通に歩き、ごく普通に泳いでいたとみられている。

◀3-11

両生類
ゲロバトラクス
Gerobatrachus
ペルム紀に生息していたイモリとカエルの共通祖先。大きさ約10cm。

◀3-12

カエル類
トリアドバトラクス
Triadobatrachus
三畳紀に生息していた尾のあるカエル。大きさ約11cm。

▶3-13

カエル類
ヴィエラエッラ
Vieraella
アルゼンチンに生息していた現生種にそっくりなカエル。脊椎の数などが異なるだけで、見た目のちがいはほとんどない。大きさ約3cm。

▶3-14

カエル類
プロサリルス
Prosalirus
アメリカに生息していた現生のカエルそっくりなカエル。"初めて跳んだカエル"とされる。大きさ約10cm。

56　ジュラ紀

次にカエルが登場したのは、前巻の『三畳紀の生物』である。ここで紹介したのは"最古のカエル"で、学名を**トリアドバトラクス**(*Triadobatrachus*)といった。3-12 極端に短い肋骨など、現生のカエル類と同じ特徴をもつ一方で、短いとはいえ、尾があったカエルである。

　トリアドバトラクスの特徴の一つは、四肢の長さがほぼ等しいことである。現生のカエル類は極端に後ろ脚が長い。トリアドバトラクスには、その特徴はそなわっていなかった。

　そして、ジュラ紀をテーマとする本書で紹介したいのは、いわゆる「カエルらしいカエル」である**ヴィエラエッラ**(*Vieraella*)と、**プロサリルス**(*Prosalirus*)だ。

　ヴィエラエッラ 3-13 は、大きさ3cmほど。ニホンアマガエル(*Hyla japonica*)とほぼ同サイズのカエルで、化石はアルゼンチンのジュラ紀前期の地層から発見されている。平らな頭骨や、前脚に比べて極端に長い後ろ脚など、現生のカエルとそっくりな特徴をもっていた。ヴィエラエッラの脊椎の数は10個。現生のカエル類の脊椎が9個だから、肉の付いた姿で見れば、ちがいはほとんどわからないといってよいだろう。肋骨も、小さな断片が脊椎の両脇にあるだけで、こちらも肉付きの姿では判別するのは難しいはずだ。

　プロサリルス 3-14 は、アメリカのアリゾナ州に分布するジュラ紀前期の地層から化石が発見されているカエルである。全長は10cmほどで、ヴィエラエッラと同様に現生カエル類とほぼ同じ特徴をもっていながら、ヴィエラエッラよりも後ろ脚が長かった。イギリス、ブリストル大学のマイケル・J・ベントンが著した『Vertebrate Palaeontology』の第3版や、アメリカ、ミシガン大学に所属するJ・アラン・ホフマンが2003年に著した『Fossil Frogs and Toads of North America』では、プロサリルスは「跳躍を始めたと断言できる最初のカエル」と紹介されている。

ジュラ紀

4 | アジアの恐竜王国

ジュンガル盆地

　中国の首都、北京から西へ約2400km。日本でいえば北海道の宗谷岬から沖縄本島までの距離ほど離れた場所に、ウルムチという都市がある。いちばん近い海岸まで2000km以上というユーラシア大陸のど真ん中ながらも、周辺地域では地下資源を産し、重化学工業が発達した都市だ。

　ウルムチを区都とするのは、中国の新疆ウイグル自治区である。元来、ウイグル族とよばれる人々によって生活が営まれてきた地域だ。新疆ウイグル自治区の面積は、日本の4倍以上となる165万km²におよぶ。中国の西部を占め、近隣各国との国境となる地域でもある。

　新疆ウイグル自治区の中央部を東西に走り、自治区を南北に分けているのは天山山脈。7000m越えの主峰を擁する巨大山脈だ。そして、天山山脈の北にある面積88万km²（日本の面積の2倍以上）の盆地が、「ジュンガル盆地」である。中国、というよりも世界を代表する恐竜産地の一つといえるだろう。

　ジュンガル盆地は、地形的には北に凸のほぼ正三角形をしており、北東はモンゴルとの国境を、北西はカザフスタンとの国境をなしている。そのため、古くから交通の要衝として栄えてきた。

　このジュンガル盆地から恐竜の化石が産出するとわかったのは、1928年、スウェーデンと中国の合同調査でのことだった。ちょうど第二次世界大戦の開戦11年前、世界がいよいよきな臭くなっていったころである。その後、1960年代から現在に至るまで、中国独自の調査隊や、国際的な調査隊によって、次々と恐竜化石が報告されている。

　こうしたジュンガル盆地の発掘史や、発掘された恐竜

に関しては、北海道大学総合博物館の小林快次が2012年に著した『恐竜時代Ⅰ』が詳しい。同書は岩波ジュニア新書から刊行されたが、「ジュニア」ではなくても楽しめる内容である。本章ではこの『恐竜時代Ⅰ』を主軸に、ほかの資料で補いつつ話を進めていくとしよう。

ジュンガル盆地には、今から約1億6400万〜1億5900万年前の「石樹溝層」が分布している。ジュラ紀中期と後期の境界のころのもので、この地層から恐竜化石が数多く発見されている。

現在のジュンガル盆地は、典型的な砂漠・荒野地帯である。しかし、石樹溝層から発見されている各種化石の分析によって、ジュラ紀のころの様相は、現在とだいぶ異なるものであることがわかってきた。

ジュラ紀当時、盆地の中央には「ジュンガル湖」とよばれる湖があり、その周辺には周囲の山脈から広がる緑豊かな扇状地があった。『恐竜時代Ⅰ』のなかで、小林は「恐竜たちは、湖の畔で営巣し、何百万年と穏やかで理想的な環境で生活していたのだろう」とまとめている。

巨大恐竜の戦い

まず、ジュンガル盆地を代表する大型の肉食恐竜と植物食恐竜を、それぞれ1種ずつ紹介しよう。

肉食恐竜は**シンラプトル**(*Sinraptor*)である。[4-1] 全長8m。ジュラ紀当時の肉食恐竜としては最大級だ。のちの時代(白亜紀後期)の北アメリカに登場するティラノサウルス(*Tyrannosaurus*)と比較すると全長は3分の2ほどであり、細身で前脚が長い。第5章で紹介する北アメリカのアロサウルス(▶P.94)に近縁とされる。

シンラプトルは、頭部に歯型の付いた標本があり、その歯型を付けたのは同種であるとされる。共食いをしようとしたのか、それともじゃれあってできた傷なのか、あるいは、群れの雌をめぐる雄の争いなのか。想像をかき立てられるが、傷の原因はまだ特定されていない。

▶4-1
獣脚類
シンラプトル
Sinraptor
全長8m。ジュラ紀の中国を代表する大型肉食恐竜である。比較的細身で、前脚が長い。

　ちなみに、すべての肉食恐竜は二足歩行であり、「獣脚類」とよばれるグループに属している。ただし、彼らが獣脚類に属するからといって、「獣脚類のすべてが肉食性」というわけではない。このことは、頭の片隅にご記憶いただくとよいかもしれない。
　植物食恐竜として紹介しておきたいのは、竜脚類**マメンキサウルス**(*Mamenchisaurus*)だ。 4-2
　「竜脚類」とは、獣脚類と似たつくりの骨盤をもち、獣脚類とともに「竜盤類」というグループを構成する恐竜である。竜脚類は、その特徴として、長い首と長い尾、樽のような胴体に、柱のような四肢をもつ。四足歩行の植物食恐竜だ。
　竜脚類のなかでもマメンキサウルスは、全長30mとも35mともいわれる巨大な恐竜である。アメリカのニューヨークにある自由の女神の身長が33mだから、

"彼女"を横に倒せば、ほぼマメンキサウルスと同等の長さとなる。いわゆる「最大級」を冠する恐竜の一つであり、ほかの最大級の竜脚類と比較すると、首がとにかく長いことが特徴である。マメンキサウルスの首の長さは、全長の半分におよぶのだ。

『ホルツ博士の最新恐竜事典』（原著は2007年刊行、邦訳版は2010年刊行）の著者である、アメリカ、メリーランド大学のトーマス・R・ホルツJr.は、同書のなかで「マメンキサウルスは、地球史上あらゆる動物のうちで最も長い首をもつ動物の一つ」と紹介し、ほかの竜脚類が届かない高い位置にある木の葉を食べることができた、としている。

死の足跡

マメンキサウルスの体重は、最大75tといわれている。これだけの重さのものが歩くのだから、地面の方も"無事"では済まない。

ジュンガル盆地では、深さ1〜2mの巨大な足跡が発見されている。4-3 中程度のサイズ（全長25m、体重20tほど）のマメンキサウルスが残したとされるものだ。

2010年に、カナダのロイヤル・ティレル博物館に所

属するデイヴィッド・E・エバースたちは、この足跡を「Death Pits（死の穴）」と名づけ、研究を発表した。エバースたちによれば、この足跡には当時、周囲から流れ込んだ水とともに、火山灰を含んだ軟らかい砂泥が詰まっていたという。そうしてぬかるみと化した足跡は、足を踏み入れた小型の恐竜をまるで底なし沼のように"捕獲"していったというのだ。

事実、足跡からは、折り重なるように5体分の小型恐竜の骨が発見されている。『恐竜時代Ⅰ』のなかで小林は、火山灰を含んだ泥は滑りやすく、一度穴に落ちた恐竜は、抜け出すことは不可能だったと指摘する。

砂泥混じりの沼というのは、本当にタチが悪い。筆者も学生時代の地質調査中に一度体験したことがある。見た目は簡単に渡れそうでも、ちょっと踏み入れると、足をとられる。最初は、「あ、深いな」と思う程度だ。しかし、次の一歩を踏み出すと、最初の一歩よりも沈む。「まずい」と思って、足をもがけばもがくほど、ずぶずぶと沈んでいく。筆者の場合は、たまたま調査のパートナーが近くにいたため、ロープで引っ張り上げてもら

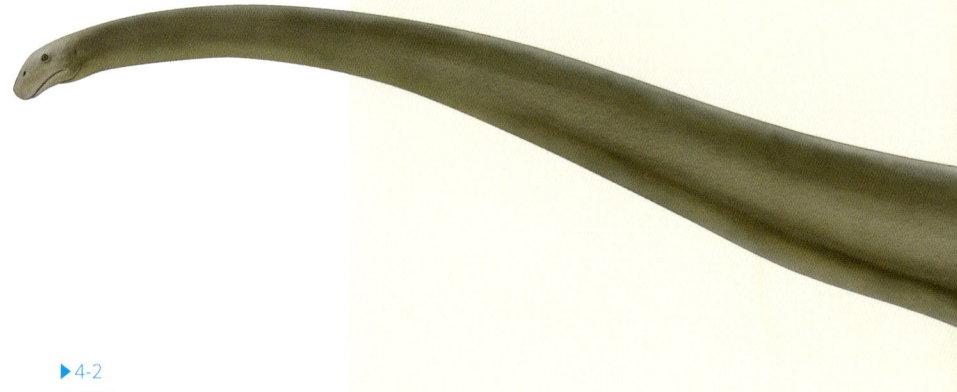

▶4-2

竜脚類
マメンキサウルス
Mamenchisaurus
全長35mともされる、史上最大級の陸上動物。「史上最大級」を冠する竜脚類はほかにもいくつかいるが、「首が長い」ことがマメンキサウルスの特徴である。

い、ことなきを得た（長靴を左右ともにダメにしたぐらいである）。しかし、自然界ではそう簡単にことは運ばない。さらにいうならば、火山灰を含む砂泥混じりの沼は、もっとタチが悪いという。滑りやすく、抜け出しにくいのだ。

この「死の足跡」で確認される不運な小型恐竜5体は、3種に分けられる。このうち1種は同定されていないので、ここでは残る2種を紹介しよう。

まず、足跡の一番底の方に"沈んで"いた（つまり、最初にこの死の穴にはまってしまった）のは、**リムサウルス**（*Limusaurus*）だ。 4-4

リムサウルスは、最大で全長2mほどになる獣脚類である。獣脚類とはいっても、前項で触れた「植物食性の獣脚類」であるとみられている。肉を切り裂くための歯はなく、かわりに植物をすりつぶすための胃石を体内にもつからだ。「胃石」とは、文字通り胃の中にある石である。……といっても、いわゆる胆石などの体内で生成される石とちがい、普通に地面に転がっている石だ。植物食の恐竜は、こうした石を飲み込み、植物をすりつぶす助けに使っていたとみられている。その

▲4-3
死の足跡
マメンキサウルスの足跡から取り出された岩石のブロック。この塊の中に、5体の恐竜化石が入っていた。最下層の点線の付近にリムサウルス、中程の点線の上下にリムサウルスと未同定種、最上層の点線の上下にグアンロンが入っていた。画像左の白とグレーのスケールは、各マスが10cmに相当する。
（Photo：PALAIOS, DOI:10,2110/palo,2009,p09-028r,©SEPM Society for Sedimentary Geology 2010）

▶4-4
獣脚類
リムサウルス
Limusaurus
「死の足跡」の底に沈んでいた植物食性の恐竜。大きなものでは全長2mになった。親指が異様に小さいことが特徴である。

▲4-5
獣脚類
グアンロン
Guanlong
「死の足跡」の上層にはまっていた肉食恐竜の頭骨。トサカが特徴的である。標本長は約40cm。復元図は次ページに。

　ため胃石は角がとれ、丸くなっている。
　リムサウルスの特徴は、その手だ。近縁の小型獣脚類と同じ4本の指をもちながらも、親指だけが異様に小さいのだ。なぜなのかはよくわかっていない。
　死の足跡にはまり込んだ5体の恐竜は、最下層がリムサウルス、その上もリムサウルスである。そして、同定のできていない1体を挟み、上層の2体は同じ恐竜で、その名を**グアンロン**（*Guanlong*）という。 4-5
　グアンロンは、最大で全長3.5mほどになる肉食性の獣脚類だ。もっとも、死の穴にはまっていたのは、そこまで大きくはない個体だったとみられている。
　グアンロンの最大の特徴は、頭部にある。鼻の上から眼の上にかけて、厚みのない1枚のトサカをもっていたのだ。このトサカは骨でできていたものの、非常に壊れやすいため、武器というよりはなんらかのアピールに使われていたとみられている。
　グアンロンは、所属するグループが大きな意味をもっている。8000万年ほどのちの白亜紀末期に出現するティランノサウルスと同じグループなのだ。これを「ティランノサウルス類」という。のちの時代では地上の生態系

▲4-5
グアンロンの復元図
大きくても全長3.5mほどの恐竜だが、じつはかの有名なティランノサウルス・レックスと同じグループに属する。ティランノサウルス・レックスについては、のちの巻で独立章を設ける予定だ。

の頂点に立つティランノサウルス類だが、その祖先は、竜脚類の足跡にはまって死ぬほどの小さな存在だったのである。

　グアンロンは、ティランノサウルス類としては最も古い種の一つであり、そのために「ティランノサウルス類のアジア起源説」の証拠としても扱われる。ただし、近年では、ヨーロッパのジュラ紀の地層からも、原始的なティランノサウルス類の複数の化石が報告されている。

恐竜の色

　さて、ジュラ紀の中国といえば、ここまで見てきたジュンガル盆地が有名だが、なにしろこの国は広い。ほかの地域からも、重要な化石が発見されている。

欠かすことができないのは、中国東北部、遼寧省建昌県のジュラ紀後期の地層から発見された**アンキオルニス**(*Anchiornis*)だろう。全長40cm、四肢に翼をもち、全身を羽毛で覆った「色がわかる恐竜」である。

　恐竜に限らず、ほとんどすべての古生物にとって「色」は謎だった。古生物学に携わる者にとって、「この生物はどんな色をしていたの?」という質問は、定番でありながらも科学的に答えることのできない難題だったのである。それゆえに、古生物の復元に際しての彩色は、系統的に似ていたり、生態的に似ていたりする現生生物を参考に、復元作家に任せていた。今、あなたがお読みになられているこのシリーズでは、イラストレーターによる美しい色の作品が掲載されている。しかし誤解を恐れずに率直に書いてしまえば、本書に限らず、ほとんどの場合において、その色は「想像」である。もちろん、その想像の根拠たるものは存在するが、「科学的に正確なのか」と問われれば「否」といわざるを得ない。

　ところが近年になって、色を知る手がかりが見つかるようになった。いくつかの種では、科学的な根拠にもとづいて色が復元されるようになってきたのである。

　アンキオルニスは、そうした色のわかる恐竜の代表格といえる。2010年、中国の北京自然博物館の李全国(リークァングオ)たちは、羽毛となった化石に残されていた「メラノソーム」とよばれる細胞小器官に注目した。[4-6] メラノソームは、いわゆる色素ではなく、色素をつくる器官で、そのサイズは電子顕微鏡を使わなければ確認できないほど小さい。この小さな器官の大事なポイントは、現在の動物との比較が可能であるということだ。これにより、化石となった羽毛がどんな色だったのか推測できるので

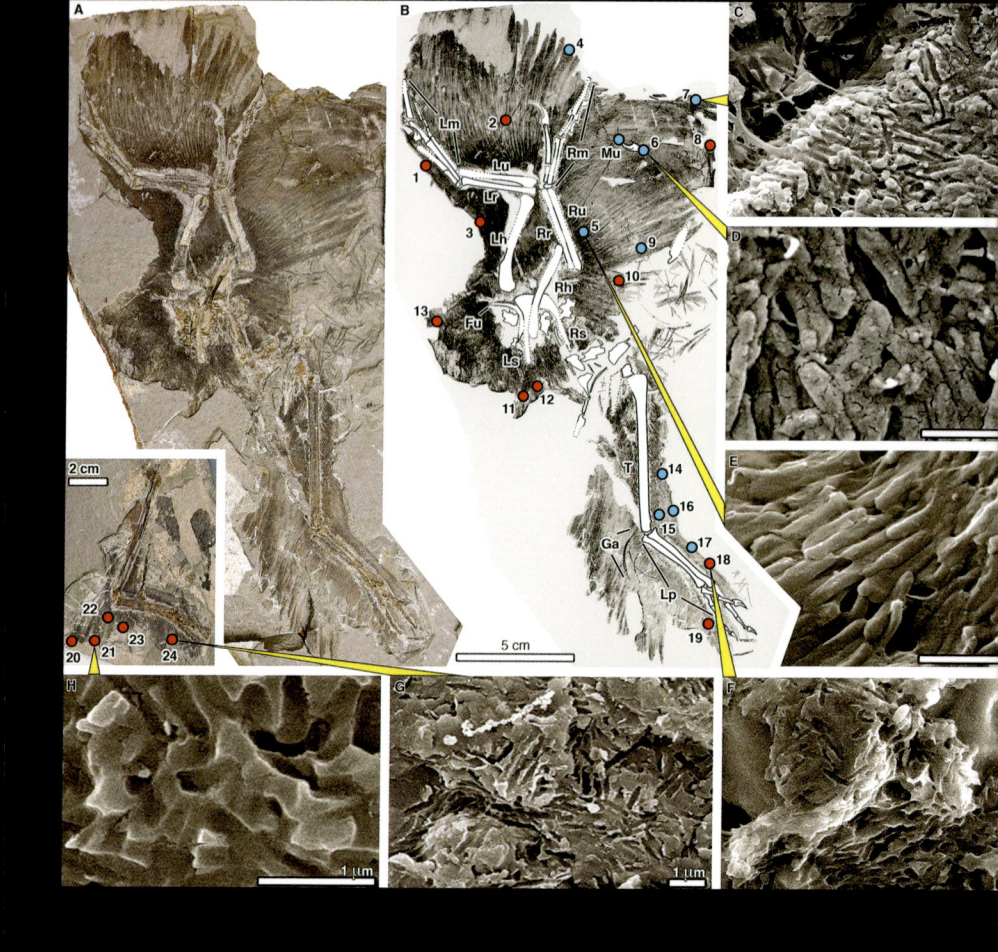

ある。
　李たちは、アンキオルニスの良質な標本を精査し、ほぼ全身にわたる合計29か所のメラノソームの分析を行った。その結果、アンキオルニスの全身の羽毛はほぼ灰色と黒色で構成されており、頭部の羽毛には赤褐色の斑点があり、トサカの毛も赤褐色だった可能性がきわめて高くなった。四肢の翼は基本的には白色で、光沢のある黒色で縁取りされていたという。
　全身の色がここまで細かく推測されたのは、化石となった脊椎動物のなかではじめての例といえる。なお、

◀▶ 4-6

獣脚類
アンキオルニス
Anchiornis

化石標本（A）と、その標本を図版化したもの（B）。C〜Hはメラノソームが写っている電子顕微鏡写真。赤丸はサンプルが採取されたポイント。水色の丸は、サンプルがこの標本のカウンターパート（岩石を割って対面に残った化石）の同じポイントから採取されたことを示している。右の復元図は、この研究成果をもとに着色している。詳細は本文にて。
（Photo：Jakob Vinther）

メラノソームに注目した羽毛恐竜の色の復元は、李たちの研究に前後する形で数件発表されている。そのなかには、かの有名な始祖鳥も含まれている。のちの章でまた詳しく紹介することになるだろう。

翼竜の"ミッシング・リンク"

アンキオルニスと同じ地層から化石が発見されている翼竜の一つに、**ダーウィノプテルス**（*Darwinopterus*）がいる。 4-7 進化論を唱えたことで有名な、かのチャールズ・

69

▶4-7
翼竜類
ダーウィノプテルス
Darwinopterus
ジュラ紀後期の翼竜で、翼開長は約90cm。頭部が大きくて、尾が長い。

　ダーウィンの名前を冠したこの翼竜は、翼竜の進化史上でとりわけ重要な存在である。
　そもそも翼竜は、三畳紀後期に登場した空飛ぶ爬虫類である。最も古い種の一つは、**エウディモルフォドン**（*Eudimorphodon*）という翼開長1mほどの翼竜で、頭部は小さく、首は短く、尾は長いという特徴がある。4-8 こうした特徴をもつ翼竜は、ドイツから発見された代表的な種の名前をとって「ランフォリンクス類」とよばれる（ランフォリンクス類と、グループ名の元になったランフォリンクスについては、のちの章で紹介する）。翼竜のなかでは、原始的なグループである。
　一方、最も知名度の高い翼竜の一つであろう**プテラノドン**（*Pteranodon*）は、「プテロダクティルス類」に属する白亜紀の種だ。4-9 グループ名の元になったプテロダクティルスの化石もドイツから産出する（こちらも、のちの章で紹介）。プテロダクティルス類は総じて大型で、その姿かたちもランフォリンクス類とはかなり異なる。プテロダクティルス類は、頭が大きく、首が長く、尾

▶4-8
翼竜類
エウディモルフォドン
Eudimorphodon
三畳紀の翼竜。翼開長1mほど。
頭部が小さく、尾が長い。

▶4-9
翼竜類
プテラノドン
Pteranodon
白亜紀の翼竜。翼開長6m以上。
頭部が大きく、尾が短い。

▲4-10
ダーウィノプテルスの骨格標本
尾の付け根の矢印のある場所にご注目いただきたい。体外へ押し出された卵を確認することができる。
(Photo：呂 君昌)

が短いのだ。彼らは、翼竜のなかでは進化的な存在である。

　ランフォリンクス類とプテロダクティルス類。この二つのグループをつなぐ翼竜が、ダーウィノプテルスだ。翼開長90cmのこの翼竜は、頭が大きく、首が長く、そ

して尾も長いのである。つまり、首から上はプテロダクティルス類の特徴をもち、首から下はランフォリンクス類の特徴をもつ。まさに、進化のミッシング・リンクを埋める存在であるといえる。中国産の翼竜でありながらイギリス人であるダーウィンの名前が付けられていることも、この特徴から納得していただけよう。

さて、ダーウィノプテルスは、翼竜……というよりも、古生物としては珍しく、雌雄がそろって確認できる種でもある。卵をともなって発見されている個体にはトサカがなく、骨盤が大きいので、雌であると考えられる。4-10 一方で、卵のない個体には、頭部に軟組織でできたトサカがあったことを示す痕跡が確認されているのである。この"トサカもち"は、骨盤も相対的に小さく、雄である可能性が高い。

卵をともなっていた方の標本は、前脚が折れていた。中国地質科学院の呂君昌（リュジュンチャン）たちは、2011年に発表した論文のなかで、この"母"が辿った不運な物語をまとめている。それは、彼女が飛行中に前脚を骨折したことに始まるショートストーリーだ。骨折の理由は不明だが、呂たちは「A violent accident（暴力的な事故）」という言葉を使っている。翼竜の翼は前脚で支えられている。そのため、前脚の骨折は致命傷だ。彼女は飛行能力を失い、湖へ落下。前脚を骨折している彼女が泳げるわけはなく、力尽きて水底へと沈んでいった。その後、水底で体が腐敗していくなか、卵が体の外へと自然に押し出されたという。ジュラ紀の親子の冥福を祈りたい。

▌哺乳類、水中を泳ぐ

「恐竜時代の哺乳類」といえば、恐竜の影に隠れ、こそこそと夜間に活動するネズミのようなもの——そんなイメージが、2000年代の前半までは"定番"だった。しかし2000年代の後半以降、中国、内モンゴル自治区に分布するジュラ紀の地層から、定番のイメージを覆す化石が相次いで発見された。

2006年に中国の南京大学に所属する季強（ジーチアン）たちは、全

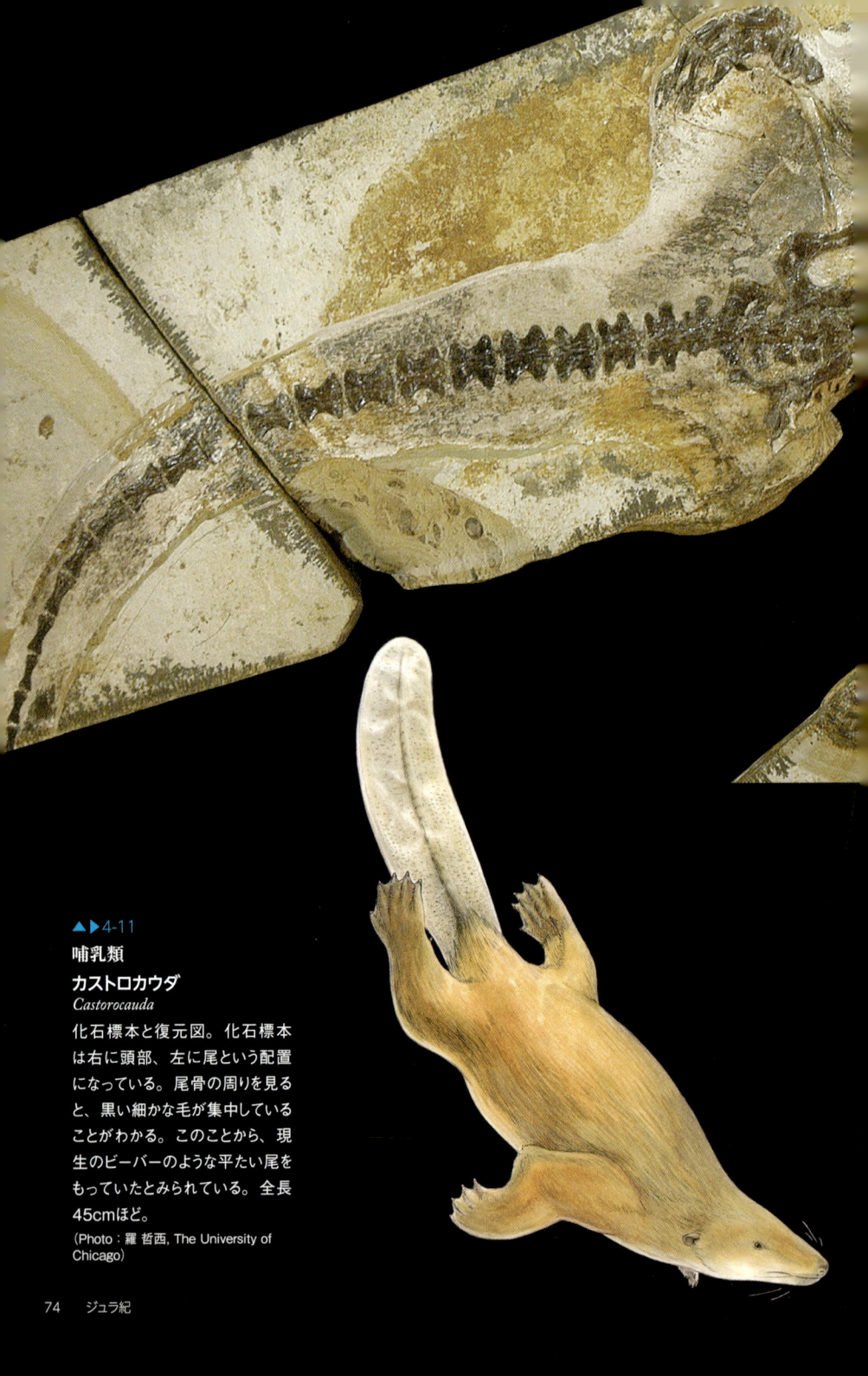

▲▶4-11
哺乳類
カストロカウダ
Castorocauda
化石標本と復元図。化石標本は右に頭部、左に尾という配置になっている。尾骨の周りを見ると、黒い細かな毛が集中していることがわかる。このことから、現生のビーバーのような平たい尾をもっていたとみられている。全長45cmほど。
(Photo：羅 哲西, The University of Chicago)

長45cmほどの哺乳類**カストロカウダ**（*Castorocauda*）を報告した。[4-11]　その化石標本には全身の体毛が保存されており、平たい尾があった。まるで現生のビーバー（*Castor*）のような姿である。

　現生のビーバーは、河川をせき止めるダムを築いて、自分の巣を作る。その巣の入り口は水中にあり、外敵の侵入を防いでいる。尾のほかにも、後ろ足に水かきがあるなど、水中生活に適応した体のもち主である。季たちは、カストロカウダは現生のビーバーと同じように半水棲の哺乳類だったとみている。ちなみに、カストロカウダの分類されるグループは白亜紀に絶滅しており、現生のビーバーとの系統的なつながりはない。

　全長45cmというサイズは、これまでに知られているジュラ紀の哺乳類のなかでは最大級である。季たちは、

体重を500～800gと見積もった。臼歯の形などから、魚を主食とした動物だったとしている。

　半水棲の生態や、体の大きさ、食性などは、いずれも2000年代前半までの「恐竜時代の哺乳類」のイメージを大きく覆すものだった。ネズミのような弱々しいものだけが、恐竜時代の哺乳類のすべてではなかったのである。

哺乳類、空を飛ぶ

　「恐竜時代の哺乳類」のイメージを覆したのは、カストロカウダだけではない。カストロカウダの報告がなされた2006年、アメリカ自然史博物館の孟津（メンジン）たちは、同じ内モンゴル自治区のジュラ紀の地層から、**ヴォラティコテリウム**（*Volaticotherium*）を報告した。 4-12

　ヴォラティコテリウムは頭骨の大きさ3.5cm、全長は12～14cmほどと推定される、小型の哺乳類だ。最大の特徴は、毛がびっしりと生えた飛膜の存在だ。

　ヴォラティコテリウムの化石に残された飛膜の痕跡は、全体が確認されているわけではない。それでも、飛膜が十分な大きさをもっていたこと、さらには、長い四肢と尾につながっていたことを示していた。また、この化石から体重は70gほどと推定された。こうした特徴は、現生のアメリカモモンガ（*Glaucomys volans*）に近いという。小さな体と大きな飛膜を駆使した敏捷な動きをしていたようである。現生の滑空性哺乳類はほとんどが夜行性であることから、ヴォラティコテリウムも同様に夜行性だった可能性が高い。なお、歯のつくりは昆虫食であることを示唆していた。

　結論として、孟たちは、ヴォラティコテリウムは樹上で生活し、夜間に昆虫を追って木から木へと滑空していたとしている。とはいえ、体のつくりからは、滑空中の軌道を変えることは難しいことが示唆されている。滑空はあくまでも移動のためであり、現生のコウモリたちがするような、滑空しながら飛ぶ昆虫を追尾、捕まえて食べる、ということはできなかっただろうと孟たち

◀▼4-12

哺乳類
ヴォラティコテリウム
Volaticotherium
化石標本と復元図。化石標本は画像左上が頭骨、左下が足の指先の骨である。骨格の右下に見える茶色の領域が飛膜である。復元すると、アメリカモモンガのような姿になる。
(Photo：孟 津)

1 cm

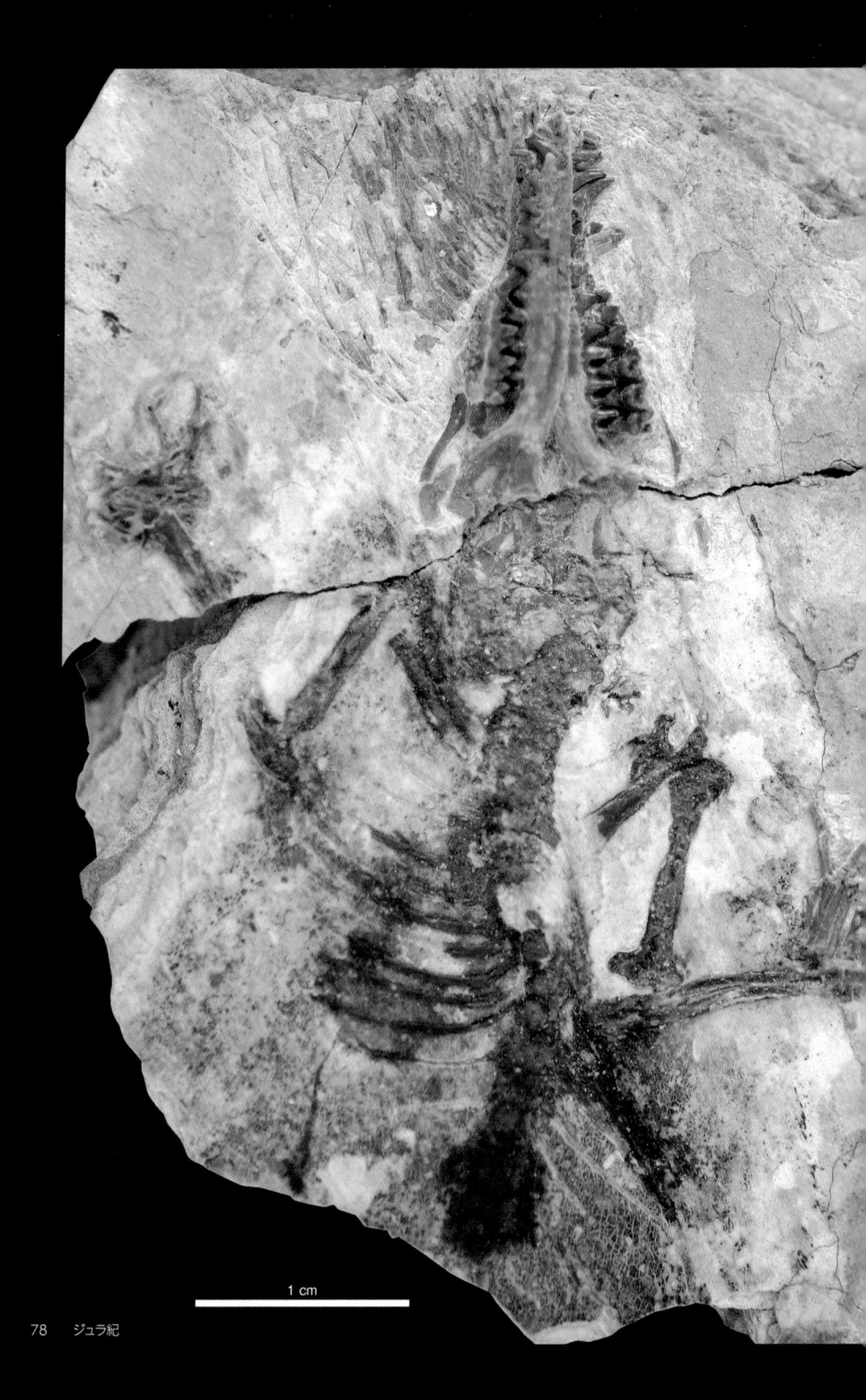

78　ジュラ紀

はまとめている。

　カストロカウダと同じように、ヴォラティコテリウムもまた、恐竜時代における哺乳類の生態の豊かさを物語る好例である。ただし、カストロカウダと同じように、現生の哺乳類と系統的につながるわけではない。

最古の真獣類、登場

　カストロカウダもヴォラティコテリウムも、現生哺乳類と祖先・子孫の関係にはない。なぜなら、彼らは真獣類ではないからだ。

　ヒトはもちろん、イヌもネコもゾウもウマも、現在の地球で暮らす哺乳類の大多数は、真獣類である。なお、「真獣類」という言葉は、いわゆる「有胎盤類」と同義だ。ただし、中生代の有胎盤類は、本当に胎盤を発達させていたかどうかについて議論があるため、言葉の誤解を招かぬように「真獣類」という言葉を使うことが多い。また、現生哺乳類においては、真獣類以外のグループとして、カンガルーなどの有袋類（後獣類）と、カモノハシなどの単孔類がいる。

　2011年、アメリカ・カーネギー自然史博物館の羅哲西（ルオジェシー）たちは、中国・遼寧省建昌県に分布する約1億6000万年前の地層から、大きさ5cmほどの真獣類の前半身化石を報告した。「中国のジュラ紀の母」を意味する**ジュラマイア・シネンシス**（*Juramaia sinensis*）4-13 と名づけられたその化石は、真獣類のものとしてはこれまでに知られているどの化石よりも古い。

◀▼4-13
哺乳類
ジュラマイア
Juramaia
化石標本（左ページ）と復元図。化石は前半身がよく保存されており、歯の並びも確認できる。これまでに報告されているなかでは、最古の真獣類である。なお、本標本は2015年夏に初来日し、国立科学博物館で開催される企画展の目玉の一つとなる予定だ。
（Photo：羅 哲西, The University of Chicago）

羅たちは、前足の指の特徴から、ジュラマイアは樹上性だったとしている。これは、当時の哺乳類としては少数派の特徴である。いち早く樹上生活に適応したことこそが、真獣類の未来を切り拓くことになったのではないか、と羅たちは指摘する。以後、数千万年間にわたって、真獣類は樹上生活を送りながら粛々と代を重ねていった、というわけである。

　念のために書いておくと、真獣類だからといって、ジュラマイアが私たちの直系の祖先であるかどうかは不明だ。ただし、少なくとも親戚関係にあることは確かであり、いうなれば大伯母のような存在が、ジュラ紀にはすでに出現していたことを意味している。

そして、寄生虫

　さて、カストロカウダの体毛やヴォラティコテリウムの飛膜が保存されていた、中国、内モンゴル自治区の地層の名を「道虎溝層」という。体毛や飛膜の例が示すように、この地層は化石の保存がたいへん良い。

　2014年、その道虎溝層から、中国の臨沂大学に所属する陳軍（チャングン）たちによって、寄生虫の化石が報告された。4-14 寄生虫が化石に残ることは珍しく、そもそも「寄生虫」と特定できること自体もかなりまれである。

　陳たちが報告したのは、肢のあるイモムシのような姿をした動物で、複数体がまとめて報告された。最も大きなものは、24mmほどの細長い体をもち、一端に1mm弱の頭部があった。眼や触角などは確認されていない。頭部と逆の一端には、1対の突起があった。小さな口は針のように獲物の肌を突き破り、血液を吸い取ることができたとみられている。現在の寄生虫と同じ構造である。

　この寄生虫には、自分の体を獲物に固定するさまざまな特徴がそなわっていた。その代表は、トゲで覆われた六つの大きな突起である。このトゲを使うことで獲物にしっかりと体を固定して、ゆっくりと血液を吸うことができたとみられている。陳たちは、この寄生虫に中

◀▲4-14
キイア
Qiyia
化石標本と復元図。寄生虫である。トゲや突起などが標本によく残されている。大きなものは、長さ24mmになる。
〈Photo：Bo Wang〉

　国語で「奇妙な」を意味する属名「キイア(*Qiyia*)」と、時代名であるジュラ紀に由来する種小名「ジュラシカ(*jurassica*)」を与え、**キイア・ジュラシカ**とした。
　陳たちは、キイアの主食は、この地で数多く発見されているサンショウウオの血液だったとみている。キイアがすでに寄生虫として発展した存在であることから、中生代の寄生虫は、これまで考えられてきた以上に多様性があったのではないか、と述べている。
　道虎溝層は、こうした小さな動物の微細構造も残している。今後もいくつもの新発見が、この地層からなされる可能性はあるだろう。ジュラ紀の中国を知るうえで、目を離せない地層の一つである。

カマラサウルス（18m）

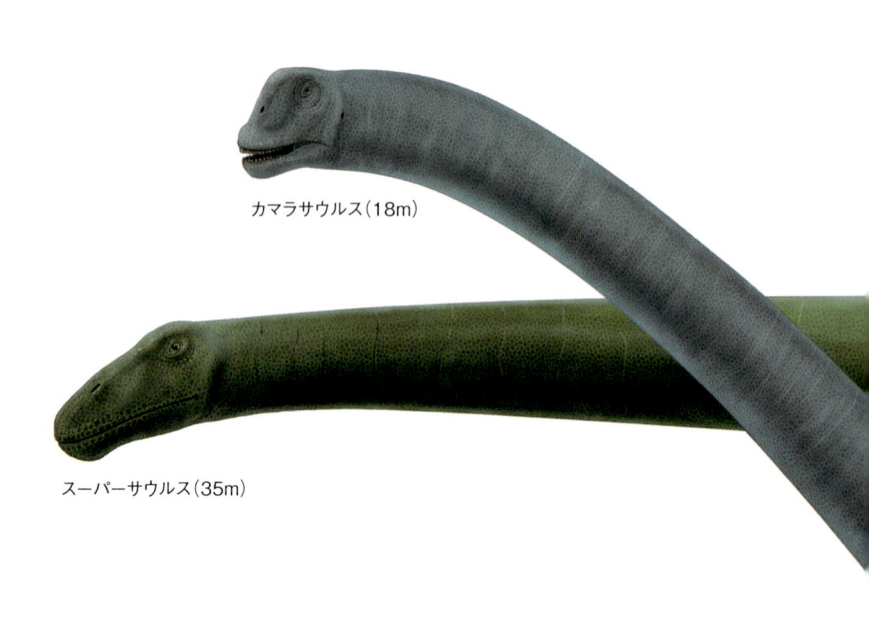

スーパーサウルス（35m）

アロサウルス（8.5m）

ステゴサウルス（6.5m）

フルイタフォッソル（7cm）

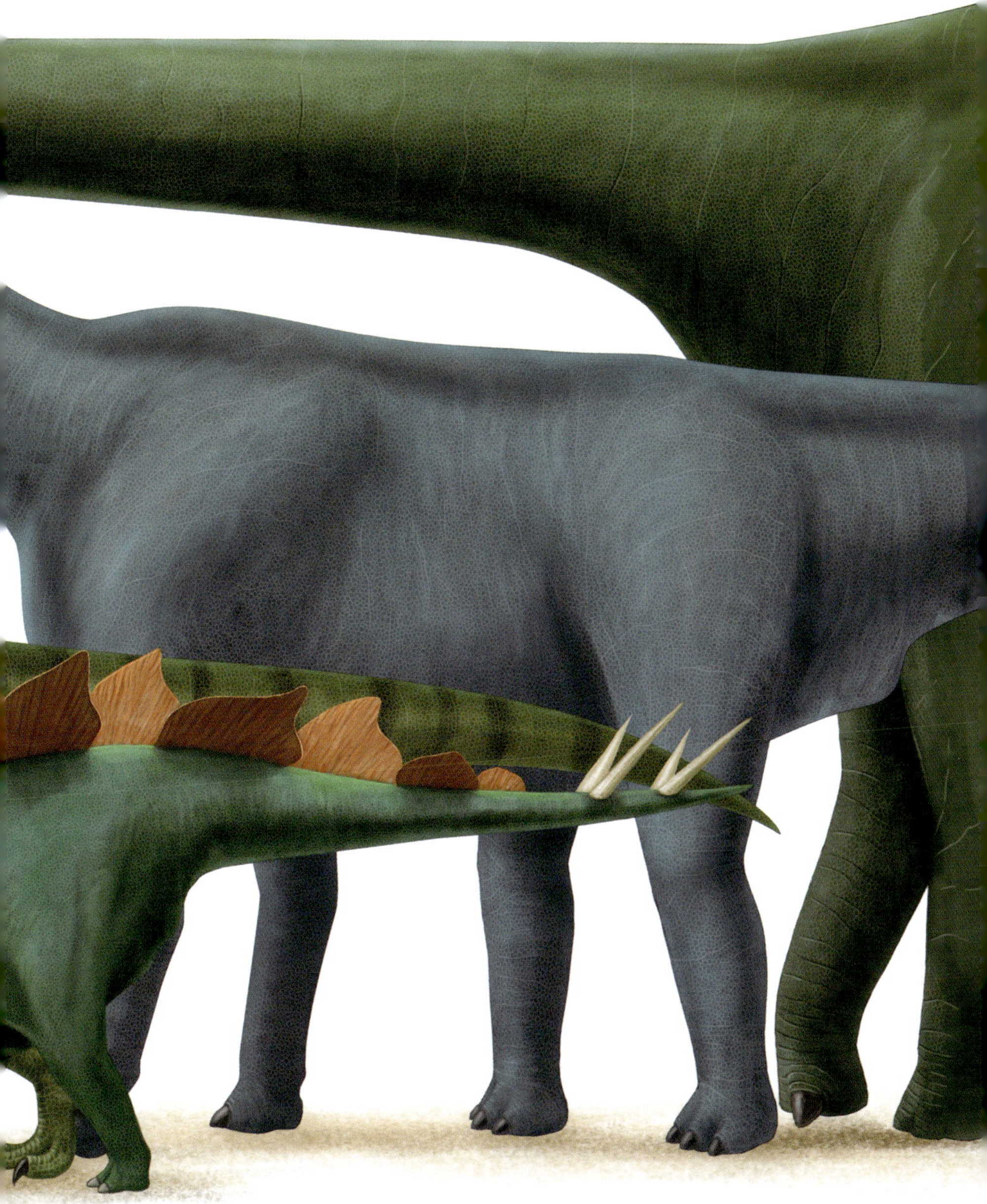

> ジュラ紀

5 | 伝統的恐竜産地

モリソン

　「ジュラ紀の恐竜化石産地」といえば、やはりアメリカである。この国には、かの有名な「モリソン層」がある。

　現在の北アメリカ西部には、北西から南東に向かってロッキー山脈が連なっている。モリソン層は、その東側に広く分布する。その範囲は南北1000kmを大きく上回り、東西も800km以上におよぶ。東日本がすっぽりと入る広さである。もちろん、その全域で恐竜化石が産出するわけではない。世界の良質化石産地を紹介した『世界の化石遺産』では、ユタ州のダイノサウラ・ナショナル・モニュメントやコロラド州のキャニオン・シティ、モリソン、ワイオミング州のコモ・ブラフなど合計6か所の主要産地を挙げている。

　とにかく分布が広いため、地層が堆積したときの環境は、湿地から砂漠まで多様である。このうち、主要産地の古環境は、河川もしくは湖だったとみられており、おそらく嵐などの洪水によって遺骸が流され、特定の場所に集中して堆積し、今日の発見に結びついているとみられる。

　西コロラド博物館のジョン・フォスターが、まさにモリソン層について著した『JURASSIC WEST』によれば、モリソン層が示す年代は、約1億5500万〜1億4800万年前の700万年間に当たる。ジュラ紀の最末期こそ外しているものの、ジュラ紀後期〜末期に当たる地層といってよいだろう。一般に、「約1億5000万年前」という数値で表現されることが多い。

　当時のモリソン層の環境については、多くの研究がなされている。しかし、そのすべての結論が一致しているわけではない。『JURASSIC WEST』では、当時

の二酸化炭素濃度の推測値にもとづいて、冬でも平均気温は20℃、夏には40〜45℃という数値を紹介している。かなり温暖、というよりも暑い気候である。冬の20℃という気温は、現在でいえばカタールのドーハの12月の平均気温を上回る。降水量は多くはなかったとされるが、トクサ、シダ、ソテツ、イチョウなどのさまざまな裸子植物の化石も発見されていることから、少なくとも700万年間のうちの一時期は、湿潤な気候があったとみられている。『世界の化石遺産』では、「植物が青々と茂った湖岸や湿地の広がった川沿いの低地が、植物食性恐竜の生息場所」と表現している。

化石争奪戦

さて、モリソン層の恐竜を紹介する前に、やはりこのトピックに触れておかねばならないだろう。コープとマーシュによる「化石争奪戦（骨戦争：The Bone Wars）」である。

化石争奪戦は、恐竜の研究史を扱った資料では必ずといってよいほど収録されている有名な話である。ここでは、先ほどから紹介している『世界の化石遺産』に加え、アメリカ・ロードアイランド大学のデイヴィッド・E・ファストフスキーと、ジョン・ホプキンス大学のデイヴィッド・B・ワイシャンペルが著した『恐竜学』の第2版（原著は2005年、邦訳版は2006年刊行）、そして日本古生物学会編集の『古生物学事典』の第2版（2010年刊行）を参考にしながら、簡単にその経緯を紹介しておきたい。

この"戦い"は、二人の著名な古生物学者によって19世紀に展開された「恐竜化石の発掘・発見・発表競争」である。

二人の古生物学者の一人、エドワード・ドリンカー・コープは、1840年にフィラデルフィア州に生まれた。『恐竜学』ではコープを「古生物学史上まれにみる奇才」として紹介している。24歳でハバーフォード大学の教授となり、28歳で退職。その後、フィラデルフィア科学ア

カデミーと連携して、生涯に1200とも1400ともいわれる学術論文を発表している。恐竜の研究はもちろん有名だが、その守備範囲は魚類から哺乳類まで多岐にわたる。「生物は体サイズの小さな祖先から生まれ、しだいに巨大化していくものが多い」という法則(「コープの法則」)の提唱者としても知られる。

　もう一人の古生物学者であるオスニエル・チャールズ・マーシュは、1831年にニューヨーク州に生まれた。裕福な家系だったようで、35歳のときに叔父の寄付によって作られたイェール大学ピーボディ自然史博物館の教授に就任。また、その叔父の資金力を背景に、化石発掘隊を組織し、派遣している。自身が調査に出かけたのは数えるほどだったため、『古生物学事典』の表現を借りるならば、「机上の古生物学者」であったという。やはり多くの研究論文を発表し、「鳥は恐竜の子孫」と主張したことでも知られている。

　モリソン層は、同時代に生きたコープとマーシュによる恐竜化石の発見、発掘競争の舞台となった。

　二人は最初から対立していたわけではない。しかし、

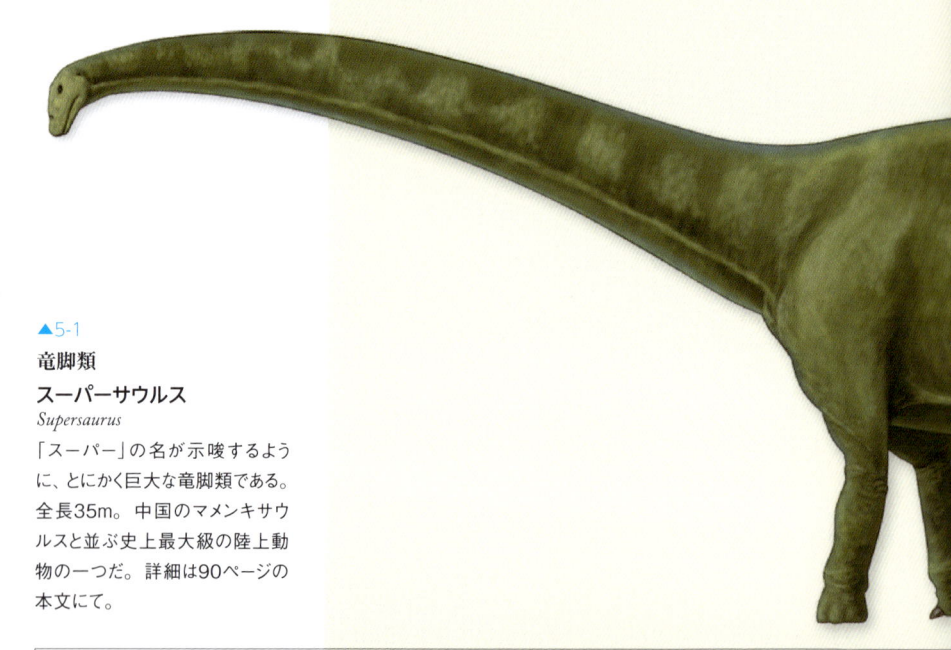

▲5-1

竜脚類
スーパーサウルス
Supersaurus
「スーパー」の名が示唆するように、とにかく巨大な竜脚類である。全長35m。中国のマメンキサウルスと並ぶ史上最大級の陸上動物の一つだ。詳細は90ページの本文にて。

ある時、マーシュがコープ直属の化石ハンターを引き抜いたことから、話はややこしくなった。そして、1870年にコープが発表したクビナガリュウ類の化石の誤りを、『恐竜学』の表現を借りるならば「非常に失礼な言い方」でマーシュが指摘したことで、二人の対立は決定的になった。

　その後、彼らは、たがいに驚異的なスピードで恐竜化石を研究し、論文にして発表していった。

　しかしその過程においては、スタッフの引き抜き、スパイ行為、そして発掘中の化石の破壊や、殴り合いまであったと伝えられる。ここに、彼らの競争が"戦争"として伝えられる背景がある。

　この競争は、結果的に合計130種の新種恐竜を記載する成果を生んだが、その後の研究で重複などが明らかになり、現在もなお有効とされているのは28種である。二人は和解することなく死を迎えたという。今日、モリソン層が一大恐竜化石産出地として世界中に知られているのは、彼ら二人の功績によるところが大きい。しかし同時に、この競争によって、その後、長きにわたる研究上の混乱が生まれたことも確かだ。

▲5.2
竜脚類
ディプロドクス
Diplodocus
ロンドン自然史博物館所蔵・展示の全身復元骨格。標本長26m。平たい顔がよくわかる写真だ。スーパーサウルスは、このディプロドクスに近縁であり、研究者によっては同種として扱われる場合もある。
(Photo : The Trustees of the Natural History Museum, London)

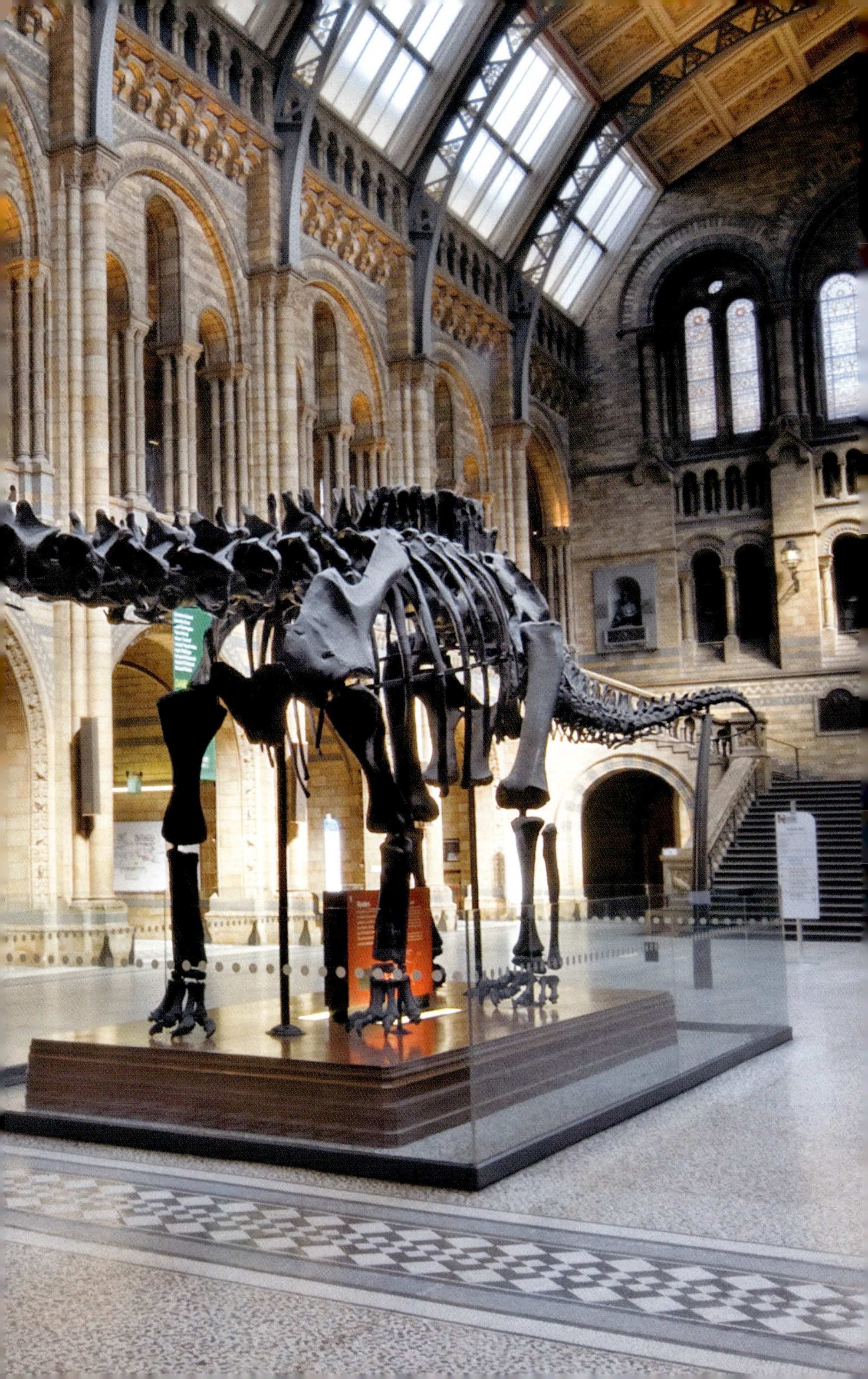

巨大恐竜たち

モリソン層からは、巨大な竜脚類の化石がいくつも発見されている。そのなかでもひと際大きな竜脚類は、**スーパーサウルス**(*Supersaurus*)だ。5-1 長い首と長い尾を特徴とし、その名が示すようにとてつもない大きさの種で、史上最大級の陸上動物の一つに数えられる。その全長は35mに達したといわれている。中国のマメンキサウルスと同等か、それ以上の大きさだ。

もっとも、スーパーサウルスに関しては、よく知られた**ディプロドクス**(*Diplodocus*) 5-2 という竜脚類と同種なのではないか、という指摘もある。ディプロドクスは、全長25mと見積もられていることが多い。トーマス・R・ホルツJr.は、『ホルツ博士の最新恐竜事典』のなかで、スーパーサウルスのことを「ディプロドクスのとくに頭抜けて大きい個体が誤って新種と同定された」としている。

スーパーサウルス(ディプロドクス?)に近縁な竜脚類である全長23mの**アパトサウルス**(*Apatosaurus*)も、モリソン層の産だ。5-3 世代によっては、「ブロントサウルス(*Brontosaurus*)」といった方がご記憶にあるかもしれない。子どものころに図鑑で、「ブロントサウルス」の名前を見たことがあるなら、最新の恐竜図鑑を開いてみることをおすすめする。今や、どこにも見当たらないはずだ。

ブロントサウルスの名前が"抹消"された経緯について、簡単に説明しておこう。アパトサウルスもブロン

▼5-3
竜脚類
アパトサウルス
Apatosaurus
全長23mの竜脚類。スーパーサウルスやディプロドクスに近縁。

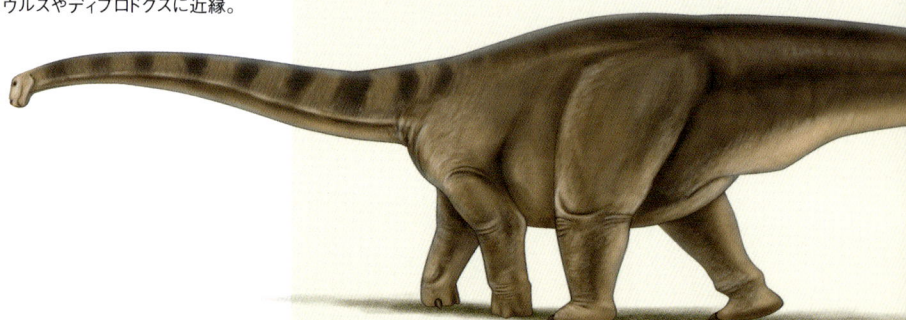

トサウルスも、前項で紹介したマーシュによって発見、報告された。アパトサウルスの発表が1877年。ブロントサウルスの発表が1879年のことである。
　ところが、1903年にこの両種が同種であるという指摘がなされた。学名には、「先取権の原則」が存在する。二つの異なる種がじつは同一だとわかった場合、原則として先に名づけられた方に統一されるのだ。アパトサウルスとブロントサウルスでは、当然、2年先に発表された「アパトサウルス」の名が残る。こうして、20世紀はじめに「ブロントサウルス」の名前は完全に消えてしまったのである。
　……当初はここで「ブロントサウルス」の話題を終えるはずだった。しかし2015年春、本原稿の締め切り間際に「やはりアパトサウルスとブロントサウルスは別属だった」とする研究が発表された。ブロントサウルスに"復活"の兆しが見られている。
　さて、スーパーサウルスもアパトサウルスも、「ディプロドクス類」という竜脚類の1グループに属している。『ホルツ博士の最新恐竜事典』によれば、ディプロドクス類の特徴は、扁平な顔つきに鉛筆のような歯をもつことにある。木の前に静止して立ち、最も良質で最もおいしい木の枝や葉を探して首を上下に動かしながら、鉛筆のような歯を熊手のごとく使って、植物の葉をこそぎ取っていたとみられている。
　ディプロドクス類は、前脚が後ろ脚より短いことも特徴だ。重心は後ろ脚に近い位置にあり、後ろ脚と尾を使うことで"立ち上がる"ことも可能だったという指摘もある。長い尾は強力な鞭として機能したという。

▲▼5-4
竜脚類
カマラサウルス
Camarasaurus

群馬県立自然史博物館所蔵・展示の全身骨格（頭部付近のみ撮影）と、その復元図。本章でこれまで見てきた竜脚類と比較すると、頭部が寸詰まりで高さがあることが特徴（歯の形も異なる）。全長は14〜18mと、竜脚類としては中型。ただし、このサイズをこえるような獣脚類はほとんどいないので、獲物にはなりにくかっただろう。
（Photo：安友康博/オフィス ジオパレオント）

92　ジュラ紀

モリソン層の竜脚類として、もう一種を紹介しておきたい。全長14～18mの**カマラサウルス**（*Camarasaurus*）である。5-4 カマラサウルスはディプロドクス類の恐竜と比較すると寸詰まりな吻部をもっており、頭骨の鼻腔が大きいこと、鉛筆の先端がスプーンのようになった歯をもつことなどが特徴だ。『JURASSIC WEST』によれば、モリソン層で最もよく見つかる恐竜である。

　アメリカ、コロラド大学のヘンリー・C・フリッケたちは、2011年にカマラサウルスの歯の化石を詳しく調べて、その暮らし方に迫る研究を発表した。この研究では、カマラサウルスが飲んでいた水について調べられた（より詳しくいえば、カマラサウルスの歯の「酸素同位体」の分析による研究である。ちょっと難しい話なので、ご興味がおありの方は、巻末の参考文献などを直接調べられたい）。その結果、1本の歯に低地と高地両方の水の痕跡が残されていることがわかったのである。

　このことからフリッケたちは、カマラサウルスが、いわゆる「渡り」を行っていた、としている。ユタ州などの低地では、乾期がくると植物は少なくなり、彼らの腹を満たすのに十分な量が供給されなくなる。そこで、乾期の影響の少ない高地（当時すでに形成されつつあったロッキー山脈周辺域）に移動することで食料を確保し、乾期が終わるころに低地に戻っていったのではないか、というわけである。その距離は300km以上。東京―名古屋間を軽く上回る距離だ。

なぜ、彼らはここまで大きくなったのか？

　竜脚類は、史上最も巨大な陸上動物たちだった。彼らが姿を消したのちに台頭した哺乳類においては、最も大きなものでも頭胴長は8mほどである。

　なぜ、竜脚類はここまで大きくなったのだろうか？

　小林快次は著書『恐竜時代Ⅰ』のなかで、次のように書いている。「理由は単純だ。天敵の獣脚類の存在なのだ。（中略）とくに武器をもっていない竜脚類には、身を守るためには体を大きくすることしかなかったの

だ。(後略)」。

　自然界においては、大きな被捕食者は、捕食者に襲われにくい。体重ののった脚、長くしなる尾のひと払いなどは、そのまま強力な武器となるからだ。すなわち、「大きい」ことは「強い」ことにつながる。もっとも、大きければ大きいほど、それだけ多くの食料を必要とするという難点も抱え込むことになる。逆説的なようだが、このことが、竜脚類をさらに巨大化させる要因になっている。というのも、竜脚類の場合、歯はシンプルな構造をしており、顎の力も強くないため歯で植物をすりつぶすことができない。そのため、多くの食料を消化器官でじっくりと時間をかけて消化する必要があり、それを担う長大な腸を収めるためには、樽のような巨大な胴体が必要ということになるのだ。

　竜脚類の巨大化には、体のしくみも大きく関与していたとみられている。彼らの骨は空洞化が進み、そうした空間には「気嚢」とよばれる空気の袋（嚢）ができていた。骨のかわりに、空気の袋で体を支えていたのである。気嚢は呼吸にも役立ち、巨体のすみずみまで酸素を行きわたらせることに一役買っていたようだ。

　理由があり、それを実現できる体がある。このことが竜脚類をして、巨大化の道を歩ませた理由だったとみられている。

▎アロサウルス ── ジュラ紀の王者

　竜脚類と巨大化競争を繰り広げた獣脚類。その代表格が**アロサウルス**(*Allosaurus*)だ。　5-5

　アロサウルスは、全長8.5mの大型の獣脚類である。ジュラ紀を代表する肉食恐竜としてよく知られており、白亜紀のティランノサウルスとよく比較される。ジュラ紀最大級とはいえ、ティランノサウルスと比較すれば、アロサウルスは一回り小さく、さらにいえば、細身である。また、ティランノサウルスは極端に短い前脚を特徴の一つとするが、アロサウルスの前脚は比較的長くなっている。

前肢の指の先には、最大20cmという大きなかぎづめがあることもポイントだ。この大きさは骨を測ったものなので、生存時はこの骨を覆うケラチン質のつめがあったはずである。前述の『JURASSIC WEST』を著したフォスターは、かぎづめは長く鋭かった可能性がある、としている。手を構成する各骨は長く、獲物をがっしりと捕まえることができたとみられている。

　アロサウルスの頭部はほっそりとしたもので、あまり横方向の厚みがない。眼窩の上にゴツゴツとした突起があり、その形状が個体によってちがうことも特徴である。北アリゾナ博物館のラルフ・E・モルナーは、2005年に刊行された『The Carnivorous Dinosaurs』のなかで、この突起が二つのタイプに分けられるとし、性的二型（つまり雄と雌のちがい）を表している、としている。

　アロサウルスの歯は、薄くナイフのような形状で、獲物の肉を切り裂くことに適している。小林は、『恐竜時代Ⅰ』のなかで、アロサウルスはティランノサウルスと比較すると圧倒的に噛む力が弱いものの、この歯の形そのものは、比較的弱い力でも十分に役立つものだったことを指摘している。

　モリソン層において、アロサウルスは最も多くの個体数が発見されている獣脚類だ。数が多いことは、それだけ研究も進むことを意味する。

　たとえば、アメリカ、ユタ・バレー大学のポール・J・バイビィたちは、2006年に骨の年輪を調査した結果を発表している。脊椎動物の骨には、樹木と同じように年輪があり、骨を切断して数を数えることで、その動物の成長を追うことができるのである。

　バイビィたちの研究では、アロサウルスの寿命は28歳ほどと推定された。そして、ヒトと同じように10代に成長期があり、そのピークは15歳のときで、1年で148kg増加したという。単純計算で1日400g、1週間で2.8kg大きくなっていったことになる。

　アロサウルスの獲物は、小型の竜脚類から次項で紹介する剣竜類までさまざまであったとされる。アメリ

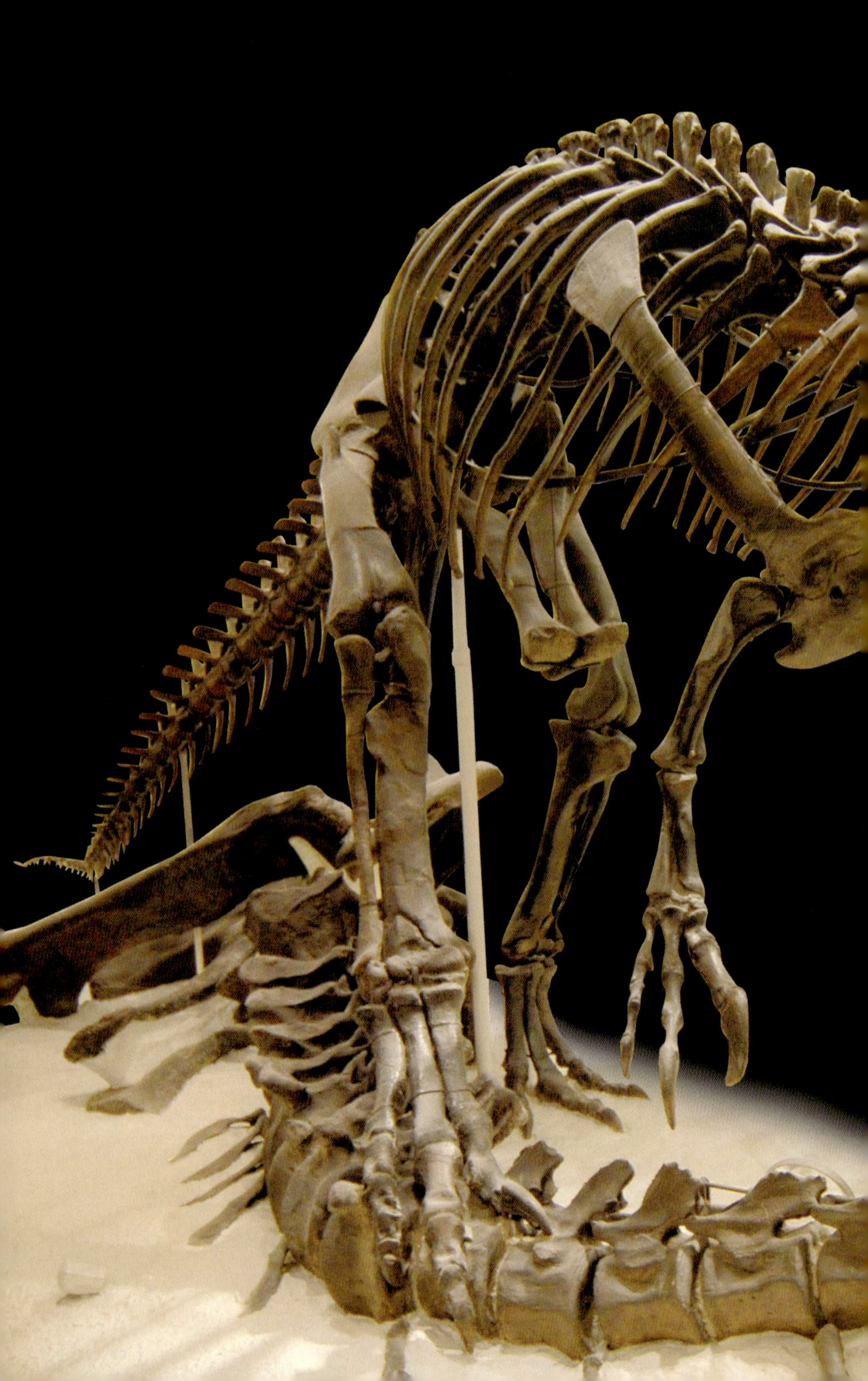

◀ 5-5

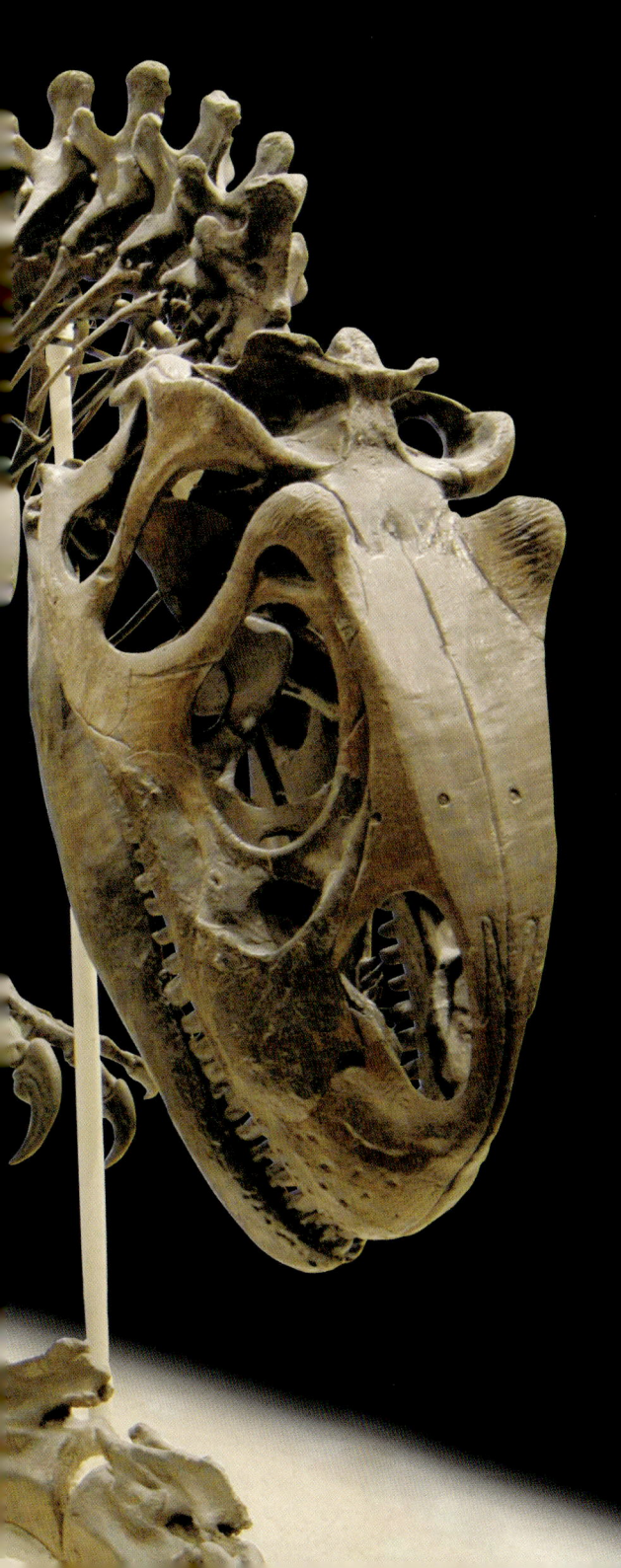

獣脚類

アロサウルス
Allosaurus

全身復元骨格。ジュラ紀のアメリカを代表する大型獣脚類で、全長は8.5mにおよぶ。口先の細さ、歯の薄さ、指の本数などに注目。ぜひ、のちの巻に登場するティランノサウルスの骨格と比較していただきたい。
（Photo：ZUMAPRESS.com/amanaimages）

▶5-5
アロサウルスの復元図

カ、ワシントン大学のジョシュア・B・スミスは、『The Dinosauria』第2版（2004年刊行）のなかで、モリソン層産の竜脚類の骨化石に残された大型獣脚類の歯型の主として、アロサウルスの名を挙げている。（なお、同様の歯形は、群馬県立自然史博物館のカマラサウルスにもある。）また、ホルツは『ホルツ博士の最新恐竜事典』において、アメリカの国立スミソニアン自然史博物館で展示されているアロサウルスの標本に、ディプロドクスの尾による打撃の痕跡があるとしている。これは、竜脚類に襲いかかり、彼らの反撃を受けた状況証拠の一つとして挙げられている。

さて、そんなアロサウルスに関して、モリソン層には特筆すべき化石産地が存在する。ユタ州のクリーブランド・ロイド発掘地だ。

この産地は、ちょっとしたミステリーである。約1万個の恐竜の骨化石が発見されており、その70%がアロサウルスのものであるというのだ。個体数にして、じつに

46個体に相当するという。アロサウルス以外には、竜脚類や剣竜類の化石も発見されているが、数のうえでは少数派だ。

　通常、生態系の常識で考えれば、大型肉食動物は、その生態系内で最も数が少ないはずだ。それにも関わらず、ここまで他種を圧倒する数が産出するというのは、じつに特異である。また、発見される化石の関節がバラバラに外れており、位置も生存時のものと異なるというのもポイントである。一般に、こうしたバラバラの化石の集合は、洪水などで死骸が一斉に流されて溜まることでできる。しかし、クリーブランド・ロイド発掘地の骨化石には、流されてきたのであればできるはずの大きな損傷や摩耗が確認できない。

　このことを説明するために最も知られている仮説は、この場所はかつて沼地で、捕食者たちが"自然の罠"にはまったというものだ。ホルツは著書のなかで、次のように紹介している――最初に少数の植物食恐竜がこの沼地に迷いこみ、足をとられて動けなくなった。その鳴き声や、あるいは動けないためにそこで死んだことによる腐敗臭が、アロサウルスのような捕食者を引き寄せる――。

　捕食者にとってみれば、簡単に手に入る獲物がそこにあるように「見える」。そうして近づいた捕食者も、1頭、また1頭と沼に捕まり、そして自身も新たな捕食者をよび寄せる"罠"になった、というわけである。死体が腐り、積み重なっていくうちに、関節が外れ、先に死んだ個体と混ざり合う。アロサウルスの悲しい断末魔の声が聞こえてきそうだ。

　フォスターも、『JURASSIC WEST』のなかでこの"自然の罠説"を紹介するとともに、別の解釈を提案している。その解釈によれば、この地は乾燥地域の中に残された小さな水飲み場で、動物たちは水を飲みにやって来たものの、力尽きて死んでいったというものだ。アロサウルスが多く、植物食恐竜が少ないのは、そもそも植物食恐竜はアロサウルスが怖くて水飲み場に近づかなかったからだという。仮に"自然の罠仮説"が正し

▶5-6
剣竜類
ステゴサウルス
Stegosaurus
2014年末から、ロンドン自然史博物館で展示されている全身復元骨格。同博物館のWebサイトによれば、「世界で最も完全な骨格(The world's most complete skeleton)」という。標本長5.6m。
(Photo：The Trustees of the Natural History Museum, London)

いのであれば、その沼地に生えていた植物の化石も見つかるはずである。フォスターは、その報告がないことを、この地域が乾燥していた、という自身の説の根拠にしている。

　いずれにしろ、いまだに決定打という仮説はなく、モリソン層のミステリーの一つとして、クリーブランド・ロイド採掘場の名は知られているのである。

剣竜類「ステゴサウルス」

　アロサウルスに対して強烈な反撃を与えた"勇者"。それが、**ステゴサウルス**(*Stegosaurus*)だ。 5-6
　ステゴサウルスは全長6.5mほどの四足歩行をする植物食恐竜である。剣竜類という、背に骨の板を並べたグループの代表種として知られ、首の下には小さな骨片が集まった"鎧"があり、尾の先には2対4本の長くて太い円錐形のトゲ（スパイク）がある。

↗「ステゴサウルスといえば、背の骨板」である。インディアナ大学-パデュー大学のジェームズ・O・ファーローや大阪市立自然史博物館の林昭次たちは、2010年に、骨板をCTスキャンして分析した結果を発表した。そして2012年には、林はユタ州立大学東部先史博物館のケネス・カーペンターたちとともに、骨板を髪の毛よりも薄く削って顕微鏡で詳細に観察した結果を発表した（薄くしないと光が通らず、光学顕微鏡を使って観察することができない）。

　相次いで発表された二つの研究によって明らかになったのは、骨板の表面にある微細な構造だ。骨の表面には細かな血管が走り、その血管は内部へとつながって ↗

▶5-6
ステゴサウルスの復元図
ステゴサウルスは、剣竜類の代表種として知られている。背に並ぶ骨の板が特徴で、かつてはこれを水平に倒した復元も見られた。今日では、この復元図のような姿に落ち着いている。

いた。これは、従来いわれてきた「骨板を日光に当てて体を温め、風に当てて体を冷やす」という仮説を支える有力な証拠となった。血液とともに熱も移動させていた、というわけである。

さらにこれらの研究では、成長にともなって体に対する骨板のサイズが大きくなっていくことも明らかになった。このことは、骨板がなんらかの形で性的なディスプレイに使われていた可能性があることを示しているという。血液の量を調整すれば、骨板の色を変化させることができたかもしれない。小林の『恐竜時代Ⅰ』では、血流量を増やすことで骨板を真っ赤にして、アロサウルスを威嚇するステゴサウルスの姿が描写されている。

2012年の林たちの研究では、尾の先のスパイクも分析対象となっている。分析の結果、スパイクは骨板と比較すると内部がとても緻密で、頑丈であることが判明した。つまり、このスパイクは、決して「はったり」ではなく、立派な武器だったのである。

格闘するアロサウルスとステゴサウルス
アメリカ、デンバー自然科学博物館所蔵・展示の全身復元骨格。アロサウルスとステゴサウルスの格闘シーンが再現されている。ステゴサウルスの喉に"骨の鎧"があることに注目されたい。
(Photo：Denver Museum of Natural & Science)

▶5-7

アロサウルスの腰の骨に刺さるステゴサウルスのスパイク

アロサウルスvsステゴサウルスの戦いの痕跡（証拠）とされる。ただし、このように突き刺さった状態で化石が発見されたわけではなく、アロサウルスの骨に孔があり、そこにステゴサウルスのスパイクを刺してみたらすっぽりとはまったということである。スパイクの長さが約70cm。

(Photo：Kenneth Carpenter)

貫通している

アロサウルスの腰の骨

ステゴサウルスのスパイク

　このことを証明するような化石もある。『The Carnivorous Dinosaurs』のなかで、カーペンターたちは、あるアロサウルスの腰の骨に、ステゴサウルスのスパイクがぴったりとはまる孔があることを報告している。5-7 このことは、アロサウルスがステゴサウルスを襲ったものの、手痛い反撃を受けた証拠とされる。

　いうまでもなく、腰は脊椎動物にとっての急所の一つである。アロサウルスの腰に確認された孔はステゴサウルスのスパイクが刺さった、という生易しいものではなく、貫いたともいうべき深いものだった。この反撃を受けたアロサウルスのその後の運命は想像するしかない。ステゴサウルスへの攻撃を続けることができたのか。それとも、この傷が致命傷となって命を落としたのだろうか。

　さて、骨板で体温調整と性的アピールを行い、尾のスパイクを防御用の武器として使うなど、機能的な進化を見せたステゴサウルスだが、じつは決定的な"弱点"も存在する。噛む力が極端に弱いのだ。

　2010年、カナダ、アルバータ大学のミリアム・レイチェルは、ステゴサウルスの噛む力について、コンピュー

◀ 5-8
感染症の痕跡
ステゴサウルスの大腿骨を横方向に薄くスライスした切片。ぽっかりと孔がある場所には、膿が溜まっていたと考えられている。
（Photo：林 昭次）

ター・モデルを使って解析した。その結果、ステゴサウルスの噛む力は、前歯の付近で140N（ニュートン）、中程の歯で184N、奥歯でも275Nであることが判明したのである。

最大275Nである。この論文のなかでは、比較対象としてラブラドール・レトリバー、ヒト、オオカミを挙げ、それぞれの噛む力が550N、749N、1412Nであるとしている。つまり、ステゴサウルスの噛む力はイヌよりも小さく、ヒトの3分の1しかないことが明らかになったのである。背の低い、やわらかなシダ植物のみが彼らの食物だったのかもしれない。ちなみに現在の草原の主体であるイネ科の植物は、プラントオパールという生体鉱物を含むためにとてもかたい。映画『ジュラシック・パーク』のように、現代にステゴサウルスを蘇らせたとしても、イネ科植物にはとても対応できないにちがいない。

ステゴサウルスの感染症

ステゴサウルスに関する話題をもう少し続けたい。
南アフリカ、ケープタウン大学のラグナ・レデルストーフと大阪市立自然史博物館の林たちは、2014年にステゴサウルスに感染症の痕跡を発見した旨を報告した。
レデルストーフと林たちは、20個体のステゴサウルスの骨を薄くスライスし、その組織構造を調査した。そ

の結果、2体の大腿骨と脛骨から、正常な骨組織では見られない異常な孔を発見したのである。[5-8] この異常な孔は複数箇所見られた。その構造は現生動物の骨に見られる「骨髄炎」のものと似ている、とレデルストーフと林たちは指摘する。

　骨髄炎は、その名の通り、骨と骨髄の炎症である。多くのケースでは、細菌などが侵入することによって骨が内部から壊死していき、場合によっては死に至る病気だ。

　この研究で示された大きなポイントの一つは、骨髄炎を起こしていたステゴサウルスの骨は、外見上まったく正常であるように見えていた、ということだ。つまり、私たちが知る恐竜（化石）たちのなかにも、骨髄炎にかかっていたものがいるのかもしれない。そんな可能性が示されたのである。

　ジュラ紀の世界で、彼らも意外と（？）苦労していたというわけである。

挿話：剣竜類の系譜

　剣竜類に関してもう少し、その進化と多様性に触れておきたい。

　剣竜類は、白亜紀に隆盛する鎧竜類（アンキロサウ

▶5-9
鎧竜類
アンキロサウルス
Ankylosaurus
白亜紀後期の北アメリカに登場する鎧竜類。背中に骨片が並び、"鎧"を構成している。

ルス：*Ankylosaurus* 5-9 など）とともに、「装盾類(そうじゅん)」とよばれる恐竜グループを構成する。このことは、剣竜類と鎧竜類には共通祖先が存在することを示唆している。

　その共通祖先にもっとも近い存在といわれているのが、アメリカ、アリゾナ州のジュラ紀前期の地層から化石が産出している**スクテロサウルス**（*Scutellosaurus*）5-10 である。

　スクテロサウルスは全長1.3mの小型の植物食恐竜だ。体は細く、尾は長く、そして前脚が短いことから二足歩行が主体だったとみられている。そして、原始的な装盾類らしい特徴として、背に多数の皮骨をもっていた。「皮骨」とは、背中に並ぶ骨の固まりで、スクテロサウルスのそれは、1円玉サイズから500円玉サイズまでさまざまだった。基本的に、この骨はほかのどの骨とも関節しておらず、『ホルツ博士の最新恐竜事典』の表現を借りるなら、皮膚の中に浮いている状態にあった。

　林たちの研究によれば、この皮骨こそが、剣竜類と鎧竜類の進化の鍵を握るという。

　スクテロサウルスとほぼ同時期に生きていて、スクテロサウルスよりも進化的な装盾類とみられているのが、イギリスから化石が発見されている**スケリドサウルス**（*Scelidosaurus*）5-11 だ。なお、現在においては、スクテロサウルスの産地であるアメリカとイギリスの間には大西洋が存在するが、当時はまだ陸続きであった旨を、一応記しておく。

　スケリドサウルスは全長3.8mほどで、スクテロサウルスと比較するとやや太めの体のもち主である。四足歩行をしていたとみられており、背中にはスクテロサウルスと同様に多数の皮骨が並んでいた。

　彼らが現れた後、剣竜類と鎧竜類は進化の袂を分かつことになる。林たちの研究によれば、前者の皮骨は縦に広がるように進化して骨板となり、後者の皮骨は横に広がるように進化して背中の装甲板となったという。縦か横か。それが問題だったのだ。

　すべての剣竜類がステゴサウルスのような大きな骨板をもっていたというわけではない。たとえば、中国のジュ

▼5-10
装盾類
スクテロサウルス
Scutellosaurus
ジュラ紀前期の北アメリカに生息していた。剣竜類と鎧竜類の共通祖先に近いとされる。全長1.3mほど。

▼5-11
装盾類
スケリドサウルス
Scelidosaurus
ジュラ紀前期のイギリスに生息していた。スクテロサウルスよりは少しだけ進化型とされる。全長3.8mほど。

▼5-12
剣竜類
フアヤンゴサウルス
Huayangosaurus
ジュラ紀中期の中国に生息していた。スクテロサウルスよりは進化型で、"剣竜類らしい姿"をしている。ただし、背の骨板は小さく、板ではなくトゲになっている部分もある。全長4mほど。

▲5-13
剣竜類
トゥオジァンゴサウルス
Tuojiangosaurus
ジュラ紀後期の中国に生息していた。背に細長い骨板が並ぶ剣竜類。だいぶ、ステゴサウルスに近くなってきた。全長6.5mほど。

ラ紀中期の地層から化石が産出する全長4mほどの**フアヤンゴサウルス**(*Huayangosaurus*)は、背に骨の板をもつものの、まだサイズは小さく、腰の上には板ではなくトゲがあった。5-12 また、同じく中国のジュラ紀後期の地層から化石が産出する全長6.5mほどの**トゥオジァンゴサウルス**(*Tuojiangosaurus*)は、首から尾までの背中に骨の板が並んではいるものの、そのサイズはステゴサウルスの骨の板よりもずっと小さなものである。5-13

ステゴサウルスは、こうした進化の末に出現したものだったのである。

哺乳類、穴を掘る

再び、モリソン層へ話を戻そう。

前章で、20世紀までの恐竜時代の哺乳類イメージを覆すものとして、中国から化石が産出する半水棲のカストロカウダ(▶P.75)と、滑空性のヴォラティコテリウム(▶P.76)を紹介した。モリソン層からも同じように、ジュラ紀の哺乳類の多様性を物語る化石が発見されている。2005年に、アメリカ、カーネギー自然史博物館（現・シカゴ大学）のゼクセイ・ルオとジョン・R・ワイブルが報告した**フルイタフォッソル**(*Fruitafossor*)だ。5-14

▶5-14
哺乳類
フルイタフォッソル
Fruitafossor
土を掘り、アリなどを食していたとみられる哺乳類。ジュラ紀における哺乳類の多様性を物語る種の一つである。頭胴長6〜7cm。

◀ 5-15
哺乳類
ツチブタ
Orycteropus afer

現生哺乳類。鼻先はブタを、耳はウサギを彷彿とさせる。ゾウ類に近縁の動物で、「ツチブタ類」という独自のグループをつくっている。頭胴長1～1.6mで、アリを中心にそのほかの小動物や野菜も食べる。フルイタフォッソルの歯は、この現生哺乳類に似るという。

(Photo: Nigel J. Dennis / amanaimages)

　フルイタフォッソルの化石は、前脚や手、下顎などを中心に、全身のさまざまな部位の骨が発見されている。こうした化石から推測される大きさは頭胴長6～7cmで、ルオとワイブルが最大の特徴として挙げるのは、その下顎に並ぶ歯である。エナメル質のない杭のような形をしており、おまけに歯根がない。これは、現生のツチブタ (*Orycteropus afer*) 5-15 やアルマジロの仲間と似た特徴であるという。……ところで、「ツチブタ」はあまり聞き慣れない動物かもしれない。ツチブタというものの、ブタの仲間ではなく、むしろゾウの仲間に近い。ブタとウサギを足して2で割ったような独特の風貌で、長い舌でアリをなめとって食すという生態をもっている。このことから、フルイタフォッソルもまた、アリ食であったとみられている（舌は化石に残らないので、長かったかどうかは不明だが……）。

　歯以外にも、フルイタフォッソルとツチブタには共通点がある。それは前脚にある4本の指だ。先端に鋭いかぎづめがあるのだ。ツチブタのかぎづめは、アリ塚を崩すことなどに使用されており、フルイタフォッソルも同様に、土を崩す、掘るなどの生態をもっていたと推察されている。

　かようにフルイタフォッソルはツチブタなどの掘削能力をもつ哺乳類と共通点が多い。しかし、カストロカウダやヴォラティコテリウムがそうであったように、フルイタフォッソルもまた、現生のツチブタやアルマジロの仲間とは系統的に結びつかない。

ジュラ紀

6 | 大西洋の向こう側

ジュラ紀のヨーロッパ

　本章と次章では、舞台を再びヨーロッパに戻して話を進めていく。そこで改めて、当時のヨーロッパの状況を簡単に確認しておきたい。

　そもそもジュラ紀は、超大陸パンゲアの分裂の時代である。ジュラ紀初頭に合体していた諸大陸は、時代が進むにつれて、まず、北アメリカ、アジアなどの北半球の諸大陸が、次いでアフリカとインド、南極大陸などが分離していくことになる。本章と次章の舞台となるヨーロッパは、東に陸塊があるものの、残りの大部分はテチス海の浅い海に沈んでいた。礁も発達し、陸に海に豊かな生態系が築かれていた。

　本章では、そんなヨーロッパの海にいた魚類と、ジュラ紀にはまだ南米大陸と地続きだったアフリカに確認される恐竜たちに焦点を絞り、アメリカと比較しながら紹介していこう。

最大の魚類?

　テチス海で圧倒的な存在感を出していた魚類は、条鰭類の**リードシクティス・プロブレマティクス**（*Leedsichthys problematicus*）だ。6-1 現生最大の魚類であるジンベイザメ（*Rhincodon typus*）の大きな個体が全長18mに達するともいわれることに対し、リードシクティスは最大で27mの巨体をもっていたとされる。「史上最大の魚類」だ。化石は、イギリスやフランス、ドイツなどのジュラ紀中期末と後期初頭の地層から確認されている（いずれも部分化石）。

　「史上最大」といわれながらも、全身がまるっと残った完全体の標本が未発見のため、じつは「推定で最大

◀ 6-1
条鰭類
リードシクティス
Leedsichthys
「史上最大の魚類」といわれる魚の、尾鰭の復元骨格である。画像上から下までの標本長はじつに2.9mにおよぶ。
(Photo：Jeff Liston, the Leeds Family 2007)

▶6-1
リードシクティスの復元図
「史上最大の魚類」とはいわれるものの、その全長値は研究者によって幅がある。2013年の研究では16.5mという値が算出されている。

27m」というサイズについては疑問視されている。せいぜい10〜12mほどだろう、という指摘もある。（それでも十分大きな魚だが……）。

　中国、雲南大学古生物科学研究所のジェフ・リストンたちは、2013年にリードシクティスの成長とサイズに関する研究を発表した。リストンたちは、濾過に使われる器官である鰓耙や、鰭の内部構造が確認できる5標本に注目し、それらの部位の大きさから、5標本のサイズと年齢を見積もった。この研究の特徴は、全長の推測を複数の部位を用いて行うということである。1部位だけの比較よりは、より正確な推測法ということだ。その結果、一番小さな個体は全長8.9m、一番大きなものは全長16.5mという値が算出された。骨に残った成長線を調べたところ、8.9mの個体は19歳、16.5mの個体は38歳とみられるという。個体差もあるので一概にはいえ

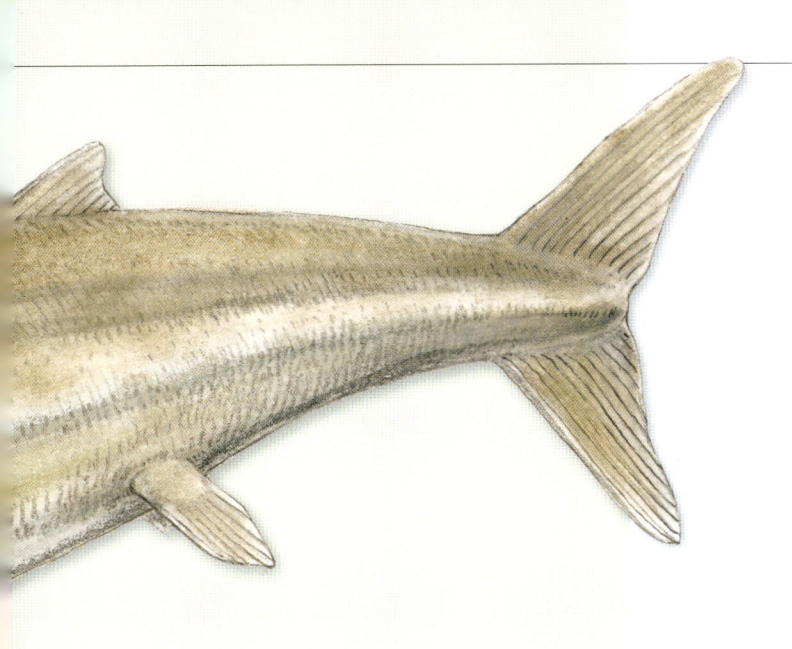

ないが、約20年かけて大きさは2倍になったというわけである。「最大」といわれている27mという値は、8.9mの個体から見れば約3倍の大きさに当たる。単純に考えると、16.5mに成長した38歳の時点から、さらに約20年の時間が必要になるわけだ。とはいえ、この時間が現実的なものなのかどうかは、よくわからない。

　16.5mほどであったとしても、十分に巨大な魚である。現生魚類のジンベイザメと比較してみても、その最大サイズには敵わないものの、平均的なサイズを十分に上回る大きさとなる。

　ジンベイザメがそうであるように、リードシクティスもまた"優しい魚"だったとみられている。鋭い歯をもたず、また鰓耙が高度に発達していたことから、濾過食者、つまり、がばっと口を開けてプランクトンなどを吸い込んで食べていたとされる。他者を襲うことはないものの、襲われることはあったようで、第3章で紹介したクビナガリュウ類のリオプレウロドン（▶P.44）や、海棲ワニ類のメトリオリンクス（▶P.52）などに捕食されていたのではないか、という指摘もある。

115

トルボサウルス ── アメリカとヨーロッパをつなぐ

　陸地に話を転じよう。

　大西洋の両岸、北アメリカとヨーロッパの両方から化石が産出する恐竜がいる。大型獣脚類**トルボサウルス**（*Torvosaurus*）である。 6-2

　北アメリカではモリソン層から化石が産出しており、報告例は少ないものの、頭骨から見積もられる全長は9mにおよぶ。アロサウルス（▶P.94）と同等かそれ以上のサイズのもち主だ。アロサウルスと並んで、北アメリカの生態系において上位に君臨していた肉食恐竜とみられている。

▼6-2
獣脚類
トルボサウルス
Torvosaurus
「ジュラ紀最強」といわれるアロサウルスと同等かそれ以上の大きさの肉食恐竜。アメリカとポルトガルから同属別種の化石が発見されており、大陸移動を議論する"素材"にもなっている。

このモリソン層のトルボサウルスと同属別種が、大西洋を隔てて遠く離れたポルトガルの同時代の地層から発見された。ちなみに、モリソン層のトルボサウルスは「トルボサウルス・タンネリ（*T. tanneri*）」という学名であるのに対し、ポルトガルのノヴァ・デ・リスボア大学のクリストフ・ヘンドリクスと、ローリンハ大学のオクタヴィオ・マテウスが2014年に名づけたポルトガル固有種の学名は、「トルボサウルス・グルネイ（*T. gurneyi*）」という。ヘンドリクスとマテウスは、歯の本数などのちがいから、ポルトガルの種をモリソン層の種とは別種と判断した。

　ポルトガルで発見されたトルボサウルス・グルネイは、頭骨の一部などの部分的な骨にすぎない。しかし、そこから推測される頭骨の大きさは1.2mをこえ、全長は10mに達する。アメリカのトルボサウルス・タンネリと同等か、それ以上の大きさである。当時のヨーロッパにおいて、知られている限り最大の捕食動物だ。

　いずれの種も、生息したのはジュラ紀後期である。しかしながら、最も近縁な恐竜とみられているメガロサウルス（*Megalosaurus*）は、ジュラ紀中期のイギリスに生息していた。このことから、トルボサウルスの起源はジュラ紀中期にまで遡ると推測されている。

　従来の考えでは、ジュラ紀中期の時点ですでに大西洋は形成されつつあり、北アメリカとヨーロッパの間を動物が行き来するのはかなり困難であるとされてきた。しかし実際には、トルボサウルスのように同属が大西洋を挟んだ両岸の大陸に生息していた例が確認されている。このことから、北アメリカとヨーロッパの間には、ジュラ紀中期末からジュラ紀後期はじめの短い期間、"陸橋"があったのではないか、とみられている。この陸橋はなにもトルボサウルスだけが利用したのではなく、アロサウルスやステゴサウルスも利用して、その関連種が大西洋の両側に存在する土壌を作った。

　ヘンドリクスとマテウスは、大西洋が「本当の意味で」完成したのは、白亜紀前期になってからとしている。

▼6-3
竜脚類
エウロパサウルス
Europasaurus
全長6.2mと、とても小型の竜脚類である。

小さな島の小さな竜脚類

竜脚類が巨体を維持するためには、広大な"食料地"が必要である。もしも、広い土地がなかったら、はたしてどうなるのか？

そんな疑問の答えになりそうな化石が、ドイツのジュラ紀後期の地層から報告されている。ボン大学のP・マーティン・ザンダーたちが、2006年に報告した**エウロパサウルス**（*Europasaurus*）だ。6-3

エウロパサウルスは、竜脚類にしてはとにかく小さい。複数個体が発見されており、そのなかで最大のものでも、全長は6.2mほどである。最も小さい幼体に関しては、1.7mしかない。肩高で見ると、大きなものでも1.6mほどである。ヒトとさして変わらない。

1.6mというサイズは、現生のアジアゾウ（*Elephas maximus*）の肩高より少し小さい程度である。6-4 つまり、「巨大恐竜」の代名詞ともいえる竜脚類の一種でありながら、「動物園で飼育できるサイズ」であることがエウロパサウルスの特徴なのだ。いや、アジアゾウの大きな頭に対し、エウロパサウルスの頭はかなり小さいので、もしも2種が並べば、エウロパサウルスはより小さい印象をもつかもしれない。

エウロパサウルスが生きていた当時、ヨーロッパの大部分はテチス海の浅い海の底に沈んでいた。大小の島々が点在する温かくて穏やかな海の光景が目に浮かぶ。

エウロパサウルスが暮らしていたのは、そんな島々のなかでも最大級の島であったとみられている。その面積は20万km²弱。国土地理院のホームページによれば、日本の本州の面積がおよそ23万km²だから、エウロパサウルスの暮らしていた島は、日本の本州よりも1割ほ

▶ 6-4
**エウロパサウルスと
アジアゾウの等縮尺比較**
エウロパサウルスであれば、もし現代にクローンで復活させても、動物園で十分飼育できるだろう。

ど小さな場所だった。

　ザンダーたちは、そんなサイズの島では竜脚類本来の巨体を維持できなかったのだろう、と述べている。この地がまだ島ではなく、もっと広大な陸地だったころにエウロパサウルスの祖先がやってきて、海水準の上昇によって島が孤立していくのに合わせて小型化していったのではないか、という。実際、ずっとのちの時代に日本列島にやってきたあるゾウ類が、体も小型化していった例が知られている。

ギラッファティタン── アフリカの似て非なる竜脚類

　アメリカとほかの大陸の恐竜の類似性を語るときには、タンザニアから化石が産出する竜脚類**ギラッファティタン**（*Giraffatitan*）も忘れてはならないだろう。 6-5 ギラッファティタンは、近年になって図鑑等にも登場するようになった恐竜で、たとえば『小学館の図鑑NEO 恐竜』では、2002年版にその名はないが、2014年版には掲載されている。……とはいっても、ギラッファティタンは、なにも最近になって発見された新種の恐竜というわけではない。かつては、「ブラキオサウルス（*Brachiosaurus*）」とよばれていた恐竜である。

　ブラキオサウルスは、全長22mほどの大型植物食恐竜で、後ろ脚よりも前脚が長いことを特徴とする。この

▲6-5
竜脚類
ギラッファティタン
Giraffatitan
群馬県立自然史博物館で所蔵・展示されている復元骨格。ドーム状になった展示ホールの天井すれすれにまで首がのびている。
(Photo：安友康博/オフィス ジオパレオント)

特徴のため、姿勢は必然的に上体がややもち上がっている。また、頭部が縦方向に高く、鼻が額の位置に復元されたこともある——と書けば思いつく読者もいるかもしれない。ちなみに、研究の進展で鼻の位置は、ほかの恐竜と同じく口先に修正されている（骨の鼻の穴は額近くでも、皮膚の鼻の穴は口先にある）。

　「かつてはブラキオサウルスとよばれていた」と書くと、「研究の進展でブラキオサウルスの名前が抹消され、ギラッファティタンに統一されたのか？」と思われるかもしれないが、そうではない。ブラキオサウルスもギラッファティタンも、その名（属名）はともに"健在"である。

　ここでは、ブラキオサウルスとギラッファティタンの関係について、イギリス、ポーツマス大学のマイケル・P・テイラーが2009年に発表した論文を参考に簡単にまとめておこう。

　ブラキオサウルスは、アメリカのコロラド州西部に分布するモリソン層から、1900年代に発見、報告された。そのときに命名された名前は、「ブラキオサウルス・アルティソラックス（B. altithorax）」だった。これが、ブラキオサウルスの基準となる標本である。

　しかし、このブラキオサウルス・アルティソラックスの標本は、全身が保存されていたわけではなく、脊椎や肩甲骨、大腿骨などの部分的なものだった。何よりも惜しいのは、首の骨と頭骨を欠いていたということである。

　ブラキオサウルス・アルティソラックスの報告から約10年の歳月を経て、タンザニアに分布するテンダグル層から同じブラキオサウルスのものとみられる化石が発見された。こちらの標本には、「ブラキオサウルス・ブランカイ（B. brancai）」の学名が与えられた。ブラキオサウルス・ブランカイの標本は数多く産出しており、ブラキオサウルス・アルティソラックスにはない頭骨も含まれていた。そのため、一般に「ブラキオサウルス」とよばれる恐竜の復元は、基準となるブラキオサウルス・アルティソラックスではなく、ブラキオサウルス・

ギラッファティタンの復元図
近年、竜脚類の復元は首と尾が水平になるように復元する方法が一般的である。しかし、ギラッファティタンやブラキオサウルスに関しては、前脚が後ろ脚よりも明らかに長いため、この復元図のように首を上げた姿勢にすることが多い。

ブランカイにもとづいて進められてきた。

　しかし、20世紀も後半になってくると、ブラキオサウルス・アルティソラックスとブラキオサウルス・ブランカイのちがいは、同属別種というよりは、もはや別属であることを示すのではないか、という指摘がされるようになった。ブラキオサウルス・アルティソラックスとブラキオサウルス・ブランカイには少なくとも26のちがいが見られるというのである。そこで提唱されたのが、「ギラッファティタン」という属名だ。

　こうした経緯により、現在ではブラキオサウルス・アルティソラックスと、ギラッファティタン・ブランカイの2属2種が認められている（ブラキオサウルス・ブランカイの「ブランカイ」という種小名は、継承された）。これまでに復元されてきた、とくに骨格に関しては、ブラキオサウルス・ブランカイ、つまり、ギラッファティタン・ブランカイにもとづくものが多かったため、展示のある博物館では名称の変更が進められている。

　ちなみに、別属になったとはいえ、ブラキオサウルス・アルティソラックスとギラッファティタン・ブランカイは近縁とみられており、両者のちがいは、ブラキ

オサウルス・アルティソラックスの方が、ギラッファティタン・ブランカイよりも首と尾がやや長く、胴と尾がやや上下に長いといったところである。

　いずれにしろ、彼らが暮らしていたジュラ紀後期には、すでに北アメリカと南アメリカ・アフリカの間に海があったとみられている。それでも似た種がいるということは、パンゲアの時代に遠く離れた土地の間でも恐竜たちの行き来があったことの証拠となる。

120ページで紹介した群馬県立自然史博物館で所蔵・展示されている復元骨格の頭部を別アングルで撮影したもの。頭頂部に独特の盛り上がった構造がある。このことから、かつての復元図では鼻の孔が頭頂部に描かれていた。

ジュラ紀

7 | 世界で最も有名な化石産地

ゾルンホーフェン

　世界に数多くある化石産地のなかで、おそらく最も有名な地域が、ドイツ南部のゾルンホーフェンだろう。「**始祖鳥**（*Archaeopteryx*）」の産地として抜群の知名度をもつこの地域には、ジュラ紀後期（約1億5000万年前）に堆積した石灰岩が東西約100km、南北約50kmにわたって分布している。

　ゾルンホーフェンに関しては、2007年に刊行された『ゾルンホーフェン化石図譜Ⅰ』（原著は1994年刊行）が詳しい。ここでは、同書と『世界の化石遺産』を主軸にしながら、話を進めていきたい。

　ゾルンホーフェン産の石灰岩の利用の歴史は古い。古代ローマ時代にはすでに建築素材として使用され、そして18世紀には石版印刷の素材として注目されるようになった。

　「石版印刷」とは、磨いた石灰岩の表面に油性インクで文字や絵を記録し、インクの載っていない部分を酸性の溶液で溶かすことで原版を作る印刷技術のことだ。この原版は、いわば石灰岩の"判子"である。これによって、本や絵画の量産が可能となるわけだ。「リトグラフ」といえば、おわかりになる読者も多いかもしれない。

　ゾルンホーフェンのリトグラフを利用した画家には、マネ、ドガ、ロートレック、ゴーギャン、ドラクロワ、ゴヤなどの著名な面々が並ぶ。『ゾルンホーフェン化石図譜Ⅰ』の監訳者である小畠郁生は、その前書きで「リトグラフはドイツで発明され、フランスで芸術となった」との言葉を引用している。なお、ゾルンホーフェンの石灰岩は、今なお建材として利用されている。日本にも輸入され、とくに新興住宅地や駅などの比較的新しい公共施設でみることができる。たとえば千葉県にある

◀ 7-1
建材としてのゾルンホーフェン
千葉県にあるJR柏駅の西口。床面に使われているモザイク状の石版がゾルンホーフェンの石灰岩である。21世紀の今日では、ゾルンホーフェンの建材はインターネットでも購入ができる。
(Photo：オフィス ジオパレオント)

　JR常磐線柏駅の西口近くのタイルにも、ゾルンホーフェンの石灰岩が使われている。 7-1
　古くから利用されてきたゾルンホーフェンの石灰岩が古生物学的に注目されるようになったのは、やはり始祖鳥の化石が発見されてからである。
　1860年に1本の羽毛化石が、そして翌1861年にはほぼ完全体の化石が発見されたのだ。
　このタイミングがすばらしい。1859年にイギリスのチャールズ・ダーウィンが『種の起源』を出版しており、ヨーロッパは進化論に関する激論の渦中にあった。発見当初から、始祖鳥は爬虫類の特徴と鳥類の特徴をあわせもつ種として注目され、いわゆる進化の「ミッシング・リンク」であるとされたのだ。
　ちなみに、このとき発見された始祖鳥の標本は、現在、イギリスのロンドン自然史博物館が所有しており、「ロンドン標本」とよばれている。 7-2 なぜ、これほどまでに記念碑的な化石がドイツ国外にあるのかといえば、発見当初、標本をもちこまれたドイツの古生物学者がその価値に気づかなかったためと伝えられる。
　もちろん始祖鳥だけがゾルンホーフェン産の化石、というわけではない。
　ゾルンホーフェンの石灰岩から産出する化石は、じつに多種多様だ。脊椎動物では、始祖鳥のほかにも恐竜や翼竜を含むさまざまな爬虫類や、魚類の化石が報告されているし、無脊椎動物では甲殻類や昆虫類、ア

▶7-2
始祖鳥 ロンドン標本
1861年に報告された最初の始祖鳥化石で、ゾルンホーフェン産化石の代表。ほぼ全身が残っている。おおむね画像の上方が上半身で、下方向に尾がのびる。画像の左側は、標本の左側でもある。
(Photo：Thom Atkinson/ The Trustees of the Natural History Museum, London)

ンモナイト類などの軟体動物、ウミユリ類などの棘皮動物も報告されている。

　これほどまでに多様な化石を産出するこの地は、かつてテチス海の一角にあった礁湖だったとみられている。礁によって、少なくとも一時的には外海と切り離され、水底付近には酸素が欠乏してよどんだ水塊が溜まっていた。

　さまざまな化石を産出するからといって、そんなよどんだ水塊を生物たちが好んでいたわけではないだろう。ゾルンホーフェンから多くの化石が産出する理由については議論がある。有名な解釈は、嵐によって外海や陸、空から生物がこの礁湖に運び込まれた、というものだ。海棲動物は荒れ狂う波にのって礁をこえ、陸の動物は強風や洪水によってやってきた。酸素がない場所では、動物は生きてはいけない。死体を分解するバクテリアの多くも然り。死骸は荒らされず、腐らずに保存されていく。こうして、たぐいまれな良質化石の産地が誕生したとみられている。

　さて、ここで、ちょっと観光ガイドのようなことを書き記しておこう。もしもあなたが、「ゾルンホーフェンの良質化石を見たい」というのであれば、ドイツのアイヒシュテット（Eichstätt）にある「ジュラ博物館（Jura-Museum）」がおすすめだ。始祖鳥の第8標本（通称：アイヒシュテット標本）をはじめ、さまざまな良質化石が展示されており、目の前で見ることができる。

　ジュラ博物館は、古生物学関係者にとっては有名な博物館であるといえる。それだけに多くの日本人研究者も訪問している。そこで、ジュラ博物館へのアクセスについて日本国内の研究者に尋ねると、ほとんどのみなさんが「レンタカー」と答える。たしかにレンタカーを使えば行動範囲はぐっと広がるものの、筆者のようにカタコト英語しか話せず、そして何よりも外国での運転に一抹の不安がある方は、電車利用をおすすめしたい。

　じつはドイツ南部の中心都市であるミュンヘンの中央駅（München Hbf）から、ジュラ博物館最寄り駅のアイヒシュテット街駅（Stadt Eichstätt）まで、1度の乗り換え

で到着することが可能である。そして、アイヒシュテット街駅からは徒歩15分もあれば、ジュラ博物館にたどり着く。移動の所要時間は、片道2時間ほどだ。博物館をじっくり見学しても、ミュンヘンからの日帰り旅行が十分可能である。バイエルン料理とドイツビールとあわせ、ぜひお勧めしたい旅程である。なお、電車に関してはドイツ鉄道のホームページ (http://www.bahn.de) を参考にされたい。

始祖鳥——始まりの鳥

ここからは、ゾルンホーフェンの多彩な生物たちを見ていく。とはいえ最初はやはり、始祖鳥だろう。

始祖鳥、あるいは、学名「*Archaeopteryx*」のカタカナ読みで「アルカエオプテリクス」とよばれるこの鳥類は、全長50cm、翼開長70cmほどの大きさである。現代の都会で見るカラス（ハシブトガラス：*Corvus macrorhynchos*）の全長が約57cmだから、始祖鳥はカラスよりも一回り小さいといったところだ。

始祖鳥は、化石にはっきりと翼の痕跡が確認でき、一見して「鳥」とわかる風貌をしている。その一方で、口はクチバシではなく、鋭い歯がいくつも並ぶ。前脚（手）には鋭いかぎづめがあり、尾の骨（尾椎）が長い。これらは、爬虫類と共通する特徴だ。翼さえなければ、同じくゾルンホーフェンの石灰岩層から産出する小型の

▼7-3
獣脚類
コンプソグナトゥス
Compsognathus
全長1.25mの小型の肉食恐竜。「コンピー」の愛称でもよく知られている。

獣脚類**コンプソグナトゥス**（*Compsognathus*）とよく似ている。[7-3] なお、始祖鳥といえば前脚の翼ばかり目立つが、2006年にカルガリー大学（現・バス大学）のニコラス・ロングリッチが指摘したところによれば、始祖鳥は後ろ脚にも翼をもつという。尾羽が作る"尾の翼"も考慮に入れると、合計5枚の"翼"をもつ。それが始祖鳥なのである。[7-4]

　鳥類と爬虫類の両方の特徴をもつことから、始祖鳥は発見当時から高い注目を浴びてきた。最初の化石が発見された年は、前述したようにダーウィンの『種の起源』が発表されたばかりの時期だった。ダーウィンは当時、『種の起源』を改訂し続けており、始祖鳥の発見をさっそくこの著作に取り入れた。1872年に刊行された第6版では、始祖鳥を「トカゲのような長い尾をもち、その関節ごとに対になった羽毛が生えていて、翼には指のように分かれた2本（正しくは3本）のかぎづめのついた奇妙な鳥である」とし、「鳥類と爬虫類の間の広い間隙」をつなぐものと紹介している（これらの記述は、第6版をもとにつくられた『新版・図説 種の起源』による）。

始祖鳥は飛べたのか？

　始祖鳥は大きな翼をもっている。この特徴からはいかにも空を飛べそうだ。

　しかし、かねてより始祖鳥は「羽ばたくことはできない」とされてきた。現生の鳥類は、翼を羽ばたかせるために胸の筋肉を発達させており、この筋肉が胸にある「竜骨突起」とよばれる大きな骨につく。この竜骨突起が、じつは始祖鳥には欠けているのだ。つまり、大きな翼をもちながら、それを"有効活用"するための筋肉がなかったのである。

　始祖鳥の飛翔・飛行をめぐる討論についての変遷は、小林快次の『恐竜時代Ⅰ』に詳しくまとめられている。ここでは同書をもとに、情報をまとめておきたい。

　始祖鳥の脳構造に着目し、始祖鳥の飛翔・飛行能力に迫った研究がある。その研究では、バランス感覚を

▶7-4

獣脚類・鳥類
アルカエオプテリクス
Archaeopteryx
全長50cm。いわゆる「始祖鳥」である。21世紀の現在、鳥類は、恐竜の獣脚類の1グループであることが明らかになっている。鳥類と、鳥類に似た獣脚類の線引きは困難だが、一般的に「始祖鳥以降の進化的な獣脚類」を「鳥類」とよぶことが多い。本シリーズでも、この定義を採用している。

司る三半規管が注目された。3次元的に空を駆ける鳥類は、地上で平面的に(2次元的に)暮らす我々よりもバランス感覚に長けている。そこで、始祖鳥の脳構造をCTスキャンで調べたところ、始祖鳥は現生鳥類と同じくらい発達した空間認識能力をもつことが明らかになった。つまり、始祖鳥の脳は「飛ぶことができる」構造だったのだ。

　一方で、竜骨突起に代表されるように、体はけっして飛翔には向いていない。肩の関節は高く上がらず、力強い羽ばたきはやはり不可能だったことを示している。また、気流を調整するために必要な「小翼羽」をもたない。こうした諸々の構造から、「始祖鳥はうまく飛べなかったということになる」と小林は同書のなかでまとめている。

　「羽ばたくこと」ができなくても、「滑空」という手段は残っている。グライダーのように、高いところから低いところへとスーッと滑るように飛ぶ方法だ。

先に紹介した2006年のロングリッチの研究では、五つの翼を上手に使うことで、減速と旋回ができたという。小林によれば、「始祖鳥はいったん空中に飛び立てば、五枚の翼を使って自由自在に移動することができた」そうだ。このことは、先の脳構造の研究結果と一致する。
　つまり、始祖鳥は樹木から樹木へ、途中にある木々の間を縫うように滑空しながら移動していたということになる。

始祖鳥の翼は何色か

　始祖鳥は、色の手がかりを有する数少ない古生物の一つである。
　アメリカ、ブラウン大学のライアン・M・カーニーたちが2012年に発表した研究によれば、その手がかりは始祖鳥の羽根に残されているという。
　カーニーたちが始祖鳥の羽根とされる標本を詳細に調べたところ、細胞小器官の「メラノソーム」を発見したのである（メラノソームに関しては第4章を参照）。そこで、現生動物のもつメラノソームと比較したところ、始祖鳥の羽根はまるでカラスのように真っ黒だったことが示唆された。ちなみに、黒色を作るのは「メラニン」という色素で、メラニンはタンパク質と強固に結びつくため、羽根の強度を増すという側面もある。
　この研究はあくまでも1枚の羽根に関するもので、全身に関してのものではない。しかし当時、始祖鳥に関する色の手がかりとして唯一無二のものとされ、始祖鳥の復元はこの時点で「全身真っ黒」に大きく舵がきられた。その結果、カラスのように真っ黒な始祖鳥が、図鑑などに登場することになった。
　しかし、始祖鳥の色に関しては、その後すぐに新たな展開を見せることになる。2013年になって、イギリス、マンチェスター大学のフィリップ・L・マニングたちが、新たな研究結果を発表したのだ。
　マニングたちは、メラノソームに加え、化石に残った化学成分を分析するという新たな手法を採用した。そ

の結果、黒色は羽根の外側に集中しており、羽根の内側でほかの羽根と重なり合う場所は、明るい色であった可能性が示唆されたのである。つまり、始祖鳥は真っ黒ではないということになったのだ。かくして、復元の際の色の問題は、進捗しつつも悩ましい状態となっているのである。

始祖鳥の標本たち

　抜群の知名度をもつ始祖鳥だが、じつはその骨格標本は本書執筆時点までに11体しか報告されていない。それらの標本はたいてい、所蔵博物館のある場所に由来するニックネームが存在する。ここでは、ピーター・ウェルンホーファーが2009年にまとめた『ARCHAEOPTERYX The Icon of Evolution』を参考に、まずは10体についてまとめておきたい。

　最初に報告された始祖鳥の骨格化石は、先ほど紹介した「ロンドン標本」である。縦60cm、横40cmの石灰岩の板にほぼ全身が確認でき、とくに両翼と尾羽の痕跡ははっきりとしている。　（▶P.126）

　2番目に報告された「ベルリン標本」は、おそらく最も有名な始祖鳥の化石だろう。7-5 1876年（1875年、1874年とも）に発見され、現在はベルリン自然史博物館（フンボルト博物館）が所蔵する。縦46cm、横38cmの石灰岩の板に全身が確認できる。翼、尾羽なども明瞭だ。ロンドン標本では欠けていた頭部も、まるでイナバウアーの名シーンのように反り返った首の先にあり、その保存状態はほぼ完璧といえる。そのため、本標本は、博物館の超重要標本となっている。

　ベルリン標本の発見から80年が経過して、1956年に報告されたのは「マックスベルク標本」である。7-6 ドイツのゾルンホーフェン近くのマックスベルク博物館が一時所蔵していたものの、現在は所在不明となっている。縦49cm、横34.5cmの石灰岩の板に、不完全ながらもその姿が残されていた。翼の痕跡のほか、前脚付近や脊椎などが確認できる。頭部は欠けていた。上述

始祖鳥 ベルリン標本
おそらく最も有名な始祖鳥標本だろう。頭部を含めてほぼ完全な1体。1876年に発見された。詳細は本文にて。
(Photo：Carola Radke / Museum für Naturkunde Berlin)

の通り所在不明ながらも、写真や詳細なスケッチ、またX線写真のデータなどが残されている。

　1855年に発見され、第4の標本として知られる「ハーレム標本」は、オランダのハーレムにあるタイラー博物館が所蔵している。7-7 縦23cm、横12cmの石灰岩板に膝の周辺域と前脚の一部などが残る部分標本だ。1855年という発見年は、じつはロンドン標本に6年先行する。しかしながら、そのときは、この標本は翼竜のものとみなされていたのだ。発見から100年以上が経過した1972年になって、始祖鳥と再同定された。

　1951年に発見された「アイヒシュテット標本」は、先に紹介したアイヒシュテットのジュラ博物館が所蔵している。7-8 縦48cm、横36cmの石灰岩板には、全身のほぼ完全な形が保存されている。ただし、羽毛の痕跡は、ロンドン標本やベルリン標本ほど明瞭なものではない。

　いつ発見されたのかは定かではないけれども、「ゾルンホーフェン標本」という、そのままズバリのものもある。7-9 これは、ゾルンホーフェンにあるブルガーマイスター・ミュラー博物館に所蔵されており、母岩である石灰岩板のサイズは縦52cm、横39cmになる。頭骨の大部分を欠くものの、化石は完全体に近く、これまでに発見されている標本のなかでは最も大きい。

　1992年に発見された「ミュンヘン標本」は、ミュンヘンの地質学・古生物学博物館の所蔵だ。7-10 上顎骨を欠くものの、残りはほぼ完全な状態で残されている。母岩の大きさは縦53cm、横43cm。

　第8標本は、「ダイティンク標本」だ。前脚を中心とした一部の骨だけが残されている。7-11 1990年に発見され、個人が所有しているとされる。

　第9標本は「ブルガーマイスター・ミュラー標本」とよばれることもある。右の翼の一部だけが残されている。7-12 2004年に発見され、ブルガーマイスター・ミュラー博物館が所蔵している。

　第10標本は、発見年こそ定かではないものの、縦56cm、横50.5cmの石灰岩板に、ほぼ完全な状態で保

◀7-6
始祖鳥 マックスベルク標本
前脚を中心に保存されている標本。画像右上に向かってのびる細い骨が上腕骨。その左側に見える羽毛の痕跡は右翼のもので、右側に見える羽毛は左翼のものとされる。1956年に報告されたものの、現在は所在不明。写真はキャスト。
（Photo：WELLNHOFER (2009)）

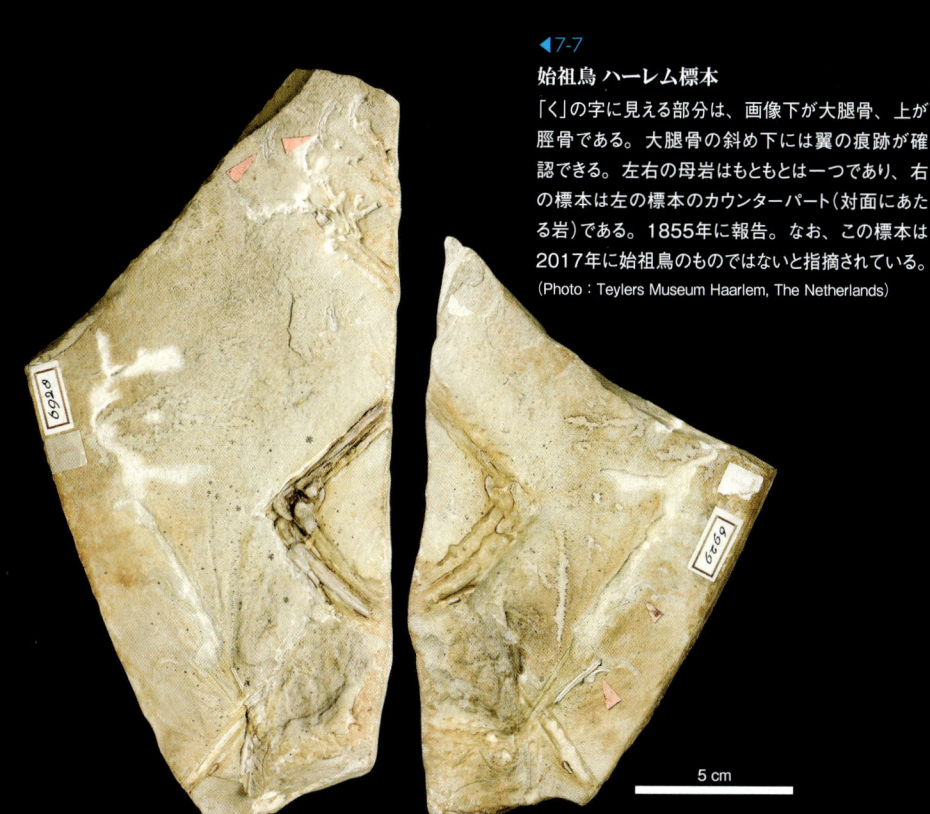

◀7-7
始祖鳥 ハーレム標本
「く」の字に見える部分は、画像下が大腿骨、上が脛骨である。大腿骨の斜め下には翼の痕跡が確認できる。左右の母岩はもともとは一つであり、右の標本は左の標本のカウンターパート（対面にあたる岩）である。1855年に報告。なお、この標本は2017年に始祖鳥のものではないと指摘されている。
（Photo：Teylers Museum Haarlem, The Netherlands）

▲7-8
始祖鳥 アイヒシュテット標本
翼の痕跡は弱いものの、ほぼ完全に1体が保存されている。本文中で紹介したジュラ博物館が所蔵・展示している標本である。1951年に報告。
（Photo：オフィス ジオパレオント）

存されていた。アメリカのワイオミング・ダイナソー・センターが所蔵するもので、その所在地から「サーモポリス標本」とよばれる。7-13 両翼、尾翼、頭骨もはっきりと確認できる標本だ。

そして、2014年になって、第11標本が正式に発表された。この標本については、次の項で詳しく紹介することにしよう。なお、未確認ながら第12標本発見という情報もあるので、遠くない将来、この数は更新されるかもしれない。

さて、これらの始祖鳥標本に関しては、じつは厳密な分類が定まってはいない。「アルカエオプテリクス・リソグラフィカ（*A. lithographica*）」という1種であるという

▲7-9
始祖鳥 ゾルンホーフェン標本
ほぼ完全体の標本。「頭骨は?」と思われるかもしれないが、腕の付け根付近にある密集部分に先端部分が残されている。
(Photo：Gemeinde Solnhofen)

見方もあれば、同属別種の標本もある、という見方もある。実際、ミュンヘン標本は「アルカエオプテリクス・ババリカ(*A. bavarica*)」として記載されている。それぞれの標本の大きさが少しずつ異なることなどが原因の一つとされる。

「少しずつ大きさが異なる」ことに注目して、それぞれを1種（アルカエオプテリクス・リソグラフィカ）の成長段階とする見方もある。アメリカ、フロリダ州立大学のグレゴリー・M・エリクソンたちは、これらの標本を同一種として捉えて始祖鳥の成長に関する研究を行い、2009年にその成果を発表している。

この研究によれば、始祖鳥は、「鳥」としては成長速

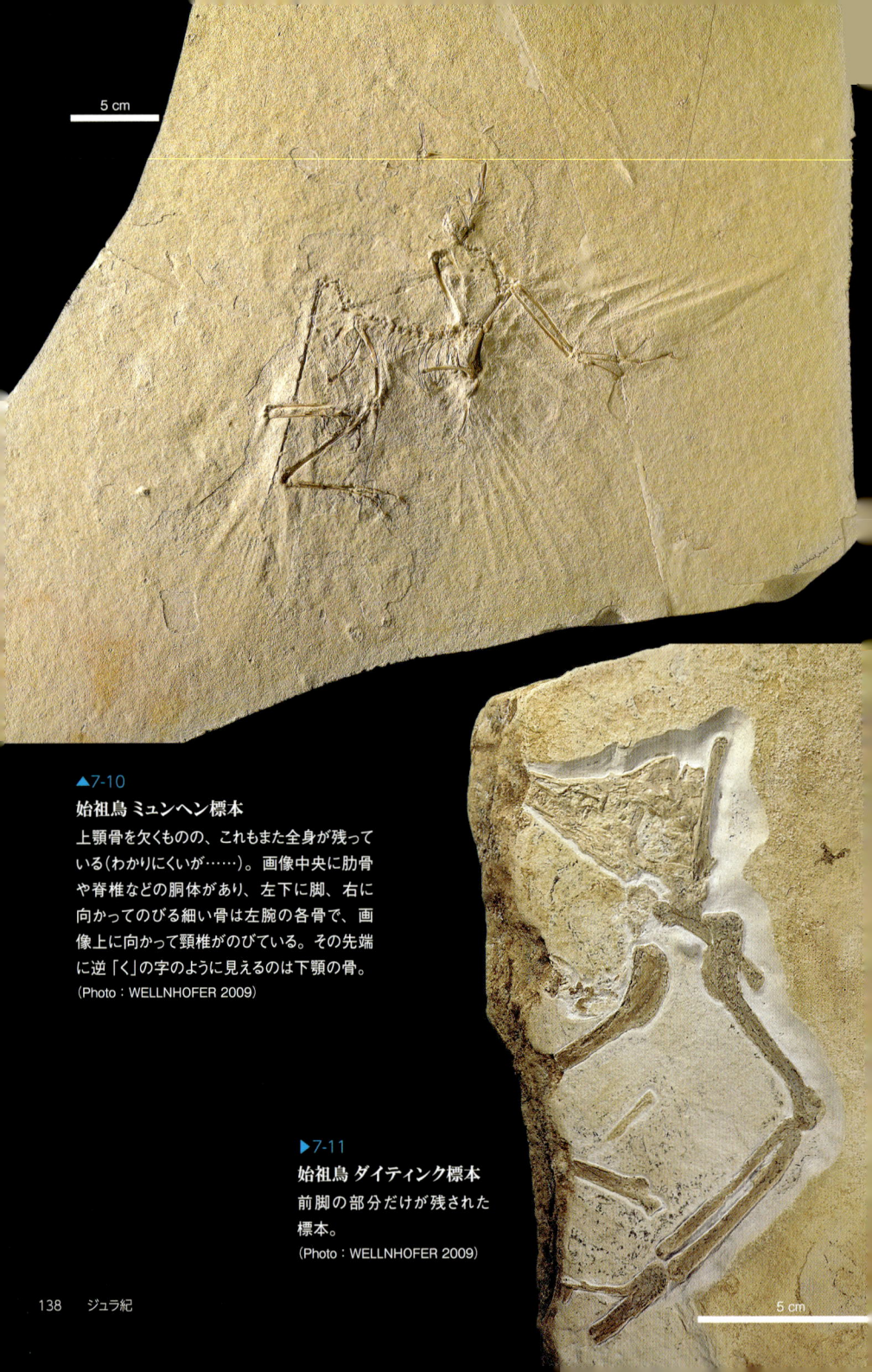

▲7-10
始祖鳥 ミュンヘン標本
上顎骨を欠くものの、これもまた全身が残っている（わかりにくいが……）。画像中央に肋骨や脊椎などの胴体があり、左下に脚、右に向かってのびる細い骨は左腕の各骨で、画像上に向かって頸椎がのびている。その先端に逆「く」の字のように見えるのは下顎の骨。
（Photo：WELLNHOFER 2009）

▶7-11
始祖鳥 ダイティンク標本
前脚の部分だけが残された標本。
（Photo：WELLNHOFER 2009）

▲7-12
始祖鳥 第9標本
右腕の部分だけが残された標本。ブルガーマイスター・ミュラー標本ともよばれる。
(Photo：WELLNHOFER 2009)

▼7-13
始祖鳥 サーモポリス標本
翼の痕跡は弱いものの、ほぼ全身が確認できる標本。
(Photo：The Wyoming Dinosaur Center)

度がゆっくりであるという。現生の多くの鳥類は、通常、数週間で成熟する。しかし、始祖鳥においておそらく2〜3年の月日を要したと指摘している。この研究では、最も若い始祖鳥化石はアイヒシュテット標本で、次いで若いとされたのがミュンヘン標本である。ミュンヘン標本は生後300日ほどの個体とみなされた。そして、最も成長していたゾルンホーフェン標本は、生後600日ほどとされた。

▍新たな標本が意味すること

　始祖鳥の第11標本がオフィシャルな論文としてその姿を現したのは、2014年7月がはじめてだろう。7-14 この標本は、頭骨こそ欠けているものの、ほかの部分の保存はきわめて良好で、とくに羽毛の痕跡は、ロンドン標本やベルリン標本、サーモポリス標本などと比較しても遜色ないものだった。

　論文をまとめた、ドイツ、バイエルン州立古生物学・地質学博物館のクリスチャン・フォスたちは、羽毛に注目した。第11標本で確認される羽毛は、始祖鳥のほぼ全身を覆っていたのである。とくに、「大羽」とよばれる長い羽毛が全身を覆い、脚には長くて左右対称の羽毛と短い羽毛の両方があると確認されたのである。

　「左右対称」ということは、飛行に適した風切羽根ではない、ということになる。

　さて、先の項で「始祖鳥は樹木から樹木へと滑空していた」とまとめたが、じつはその見方は、すべての研究者の間で統一されたものではない。フォスたちがまさに反対の立場に立っており、論文では「始祖鳥が飛べない」ことを前提に論を進めている。

　フォスたちによれば、飛べない始祖鳥に大羽があることは、それがもともと飛行のためのものではないことを強く示唆するという。フォスたちは、ディスプレイ、つまり求愛活動などのために、大羽が発達した可能性が高い、としている。飛行のために大羽が使われるようになったのは、進化してのちのこと、というわけだ。

鳥類の飛行能力の起源は、これまで考えられていたよりもずっと複雑である、とフォスたちはまとめている。

最小級の恐竜と、鱗のある恐竜、そしてリスもどき

ゾルンホーフェンで発見された始祖鳥以外の恐竜も（始祖鳥も含め、鳥は恐竜である。念のため）、いくつか紹介しておこう。

まず、すでに「始祖鳥とよく似ている」として名前を

▲7-14
始祖鳥 第11標本
2014年に、『nature』で報告された標本。頭骨を欠くものの、ほかの部位の保存はきわめて良好である。
(Photo：Helmut Tischlinger)

141

出した「コンプソグナトゥス」を挙げておきたい。 7-15
全長1.25m、体重2.5kgほどの小型の肉食恐竜で、最初の始祖鳥骨格標本（ロンドン標本）の報告と同じ1861年に記載されている。「全長1.25m」と書くとそれなりに大きく感じるかもしれないが、これは口先から尾の先端までの長さである。第3章でも触れたように、筆者の家には、頭胴長80cm、尾の先までいれた全長110cmのラブラドール・レトリバーがいる（この本の執筆中も、たいていは足元でよく眠っている）。コンプソグナトゥスの大きさは、ラブラドール・レトリバーが尾を振っているときのサイズとほぼ同じ、ということができるだろう。ただし、わが家の愛犬の体重は25kg前後なので、コンプソグナトゥスの方が圧倒的に軽い。

　コンプソグナトゥスは小型恐竜の代名詞としても知られ、「コンピー」という愛称をもっている。「肉食」と書いたが、その歯は鋭くはあるものの華奢であり、脊椎動物を噛み砕くことは難しかったとみられている。主食は昆虫、あるいは、一飲みで食べられるような小型の脊椎動物だったようだ。

　2007年、イギリス、マンチェスター大学のウィリアム・アーヴィン・セラースと、フィリップ・L・マニングは、コンピューターモデルを構築して数種の恐竜のトップスピードを計算した結果を発表した。この研究によれば、コンプソグナトゥスの走行におけるトップスピードは、秒速17.8m（時速64km）になるという。これは、同じモデルで計算されたティラノサウルスのトップスピードの約2.2倍になり、現生のダチョウ（*Struthio*）の約1.2倍になる。小型で俊敏に動き回る姿が目に浮かぶようだ。

　次いで、ドイツ、ミュンヘン大学（現・ウィーン自然史博物館）のウルスラ・C・ゲーリッヒと、アメリカ、ロサンゼルス自然史博物館のルイス・M・チアッペが2006年に報告した獣脚類、**ジュラヴェナトル**（*Juravenator*）を紹介しておこう。7-16 たった1体だけ発見されているジュラヴェナトルの標本は、尾の先がないものの、そのほかはほぼ完璧な状態で保存されていた。推定されている全長は75cmで、ゲーリッヒとチアッペは一部の骨の

癒合がまだなされていないなどの点から、この標本を幼体とみている。成体のサイズは不明だ。

　ジュラヴェナトルのポイントは、尾の周囲に鱗の痕跡が確認されたことである。近年、小型の獣脚類は羽毛で覆われていることが当然であるかのように復元されているが、ジュラヴェナトル(の少なくとも幼体)は小型であるにも関わらず、羽毛ではなく鱗がはっきりと確認できたのだ。

　ジュラヴェナトルに関しては、こんな研究もある。アメリカ、カリフォルニア大学デイヴィス校のラース・シュ

▲7-15
コンプソグナトゥスの骨格標本
母岩の大きさは30×38cm。詳細は本文にて。

(Photo:Jim Rollings / the International Museum Institute, Inc.)

143

▲7-16
獣脚類
ジュラヴェナトル
Juravenator

ジュラ博物館に所蔵・展示されている標本。小型の獣脚類。全長75cmのこの標本は、幼体とみられている。詳細は本文にて。
（Photo：オフィス ジオパレオント）

ミッツと藻谷亮介が、2011年にジュラヴェナトルを含む恐竜数種の、夜行性としての能力を検証したのだ。
　シュミッツと藻谷は、恐竜の眼に確認できる「鞏膜輪(きょうまくりん)」とよばれるドーナツ状の骨に注目した。そう、第3章の魚竜類オフタルモサウルスでも触れたアレである。鞏膜輪の大きさや形から、その恐竜が夜目がきいたかどうかを調査したのである。その結果、ジュラヴェナトルは夜間でも十分な視界を確保できる夜行性だった可能性が高いことが明らかになった。なお、この論文では始祖鳥も研究対象となっており、始祖鳥は昼行性であったという。
　さて、ここで、次ページをご覧いただきたい。7-17 美しくもパーフェクトな恐竜化石がそこにある。数多い恐竜化石のなかでもまちがいなくトップクラスの保存率であり、ゾルンホーフェンの標本としても最上級のクオリティである。今にも走り出しそうな姿で保存されたこの標本は、2012年に、ドイツ、バイエルン州立古生物学・地質学博物館のオーリヴァー・W・M・ラウフトたちによって報告されたものだ。
　その名は「**スキウルミムス**(*Sciurumimus*)」。「リスもどき」という意味である。全長は70cmほど。ジュラヴェナトルとほぼ同じ大きさの獣脚類である。そして、このスキウルミムスもまた幼体であるとみられている。
　スキウルミムスの最大のポイントは、尾の付け根や体の一部にフィラメント状の羽毛が残されていたというこ

ジュラヴェナトルの復元図

獣脚類
**スキウルミムス・
アルベルスドエルフェリ**
Sciurumimus albersdoerferi

この化石は幼体とみられ、全長は70cmほど。尾の付け根などに羽毛が確認できる。ほぼ全身にわたって、微細構造まで確認できる最上級の標本である。

(Photo : Helmut Tischlinger)

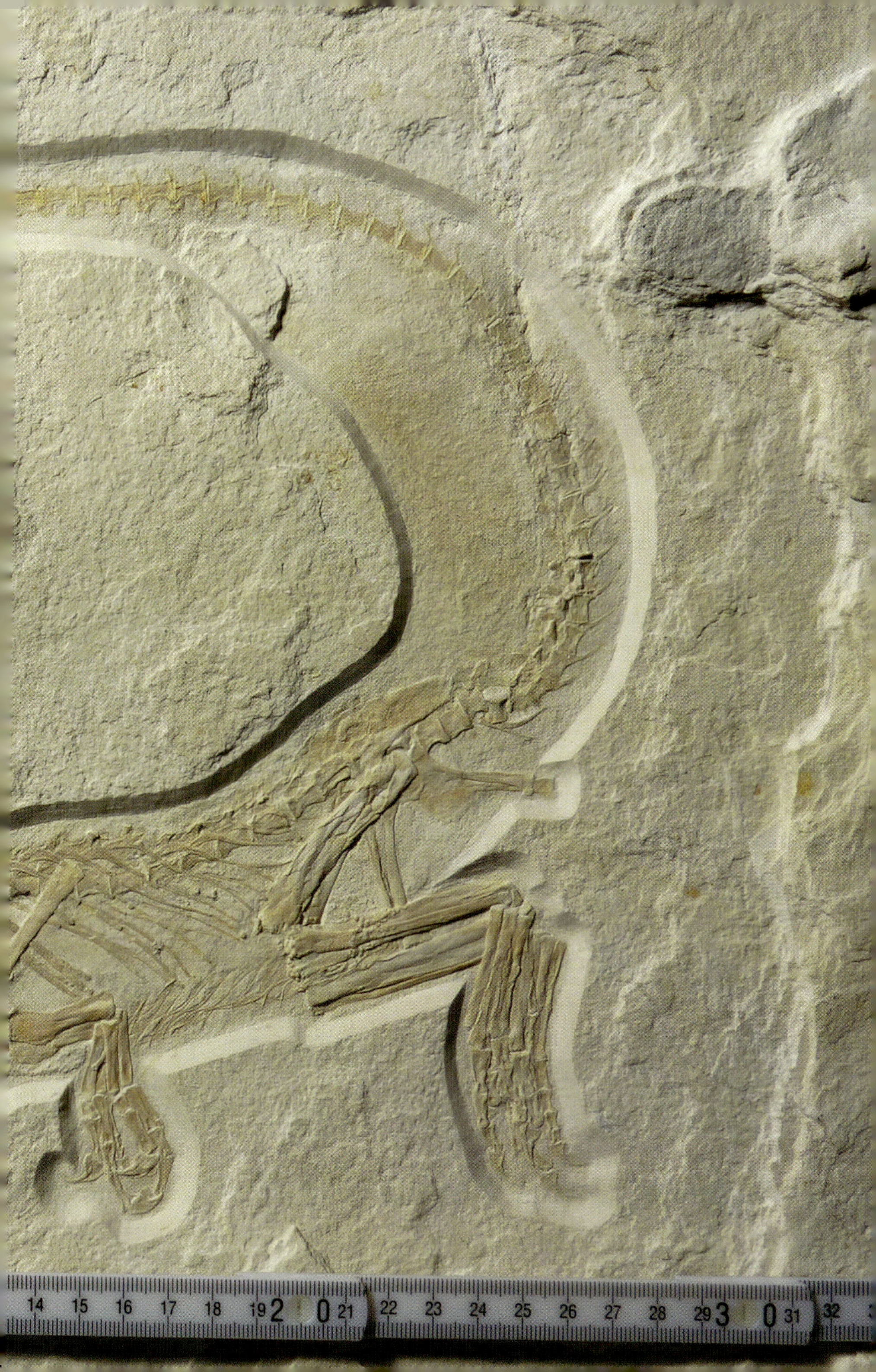

スキウルミムスの復元図

とである。標本の保存状態はまさに完璧であり、今後、恐竜たちの羽毛の研究に大きな影響を与えるものと考えられている。

2タイプの翼竜

　第6章で、翼竜類は大きく二つに分類される、と書いた。頭が小さく尾が長い「ランフォリンクス類」と、頭が大きく尾が短い「プテロダクティルス類」である。ゾルンホーフェンからは、この両グループの化石が産出する。ここでは、2012年に福井県立恐竜博物館で開催された特別展「翼竜の謎」の図録と、イギリス、ポーツマス大学のマーク・P・ウィットンが2013年に著した『PTEROSAURS』を中心に、いくつかの論文も参考にしながら話を進めていこう。

　ゾルンホーフェンから化石産出するランフォリンクス類としては、そのものずばり**ランフォリンクス**(*Rhampho-*

rhynchus）がいる。7-18 翼開長は最大で2mになる種で、小さな頭部に外向きに並んだ鋭い牙をもち、尾の先には団扇のような膜がある。これまでに発見されているランフォリンクスの化石は、そのほとんどが幼体のものであり、成体のものは片手の指で数えるほどしかない。

　アメリカ、カンザス大学のS・クリストファー・ベネットは、1995年にゾルンホーフェン産のランフォリンクス標本を統計的に研究した論文を発表している。ベネットの研究によれば、ランフォリンクス類は頭部と尾の先に、成長による変化が見られるという。頭部は年齢を重ねるにつれて、吻部が長く、歯が鋭く大きくなり、最終的には牙状の歯をもつ頑丈な頭骨ができあがる。そして尾の先は、成長にともなって膜がしだいに幅広くなり、最終的には飛行機の尾翼のような形状になるという。

　ゾルンホーフェン産のランフォリンクス類として、もう1種、**アヌログナトゥス**（*Anurognathus*）を紹介しておきたい。7-19 翼開長50cmほどの小型種で、ランフォリンクス類でありながら尾は長くないという独特な特徴をもつ。その独特さは尾だけではない。頭部も吻部が寸詰まりで、眼の占める割合が大きいという面構えである。この大きな眼から、樹木がうっそうとして、昼間でも薄暗い森林で暮らしていたか、あるいは、夕暮れや夜明けなどの薄暗い時間帯に活動をしていたのではないか、という指摘がある。

　一方のプテロダクティルス類については、こちらもそのものずばり、**プテロダクティルス**（*Pterodactylus*）の化石が報告されている。7-20 プテロダクティルスは、翼開長1mに満たず、プテロダクティルス類としては小型種である。プテロダクティルス類はさまざまな形の頭部をもつことで知られているが、プテロダクティルスのそれはまさに"基本形"で、特殊化は見られない。

　特殊化の見られるゾルンホーフェン産の翼竜としては、**クテノカスマ**（*Ctenochasma*）を挙げておこう。7-21 最大でも翼開長1.5mに満たない大きさで、プテロダクティルスと同じく、プテロダクティルス類としてはけっして大型種とはいえない。その最大の特徴は、まるでモッ

▲7.18
翼竜類
ランフォリンクス
Rhamphorhynchus
ジュラ博物館に所蔵・展示されている標本。ほぼ全身が確認できる。頭骨が小さく、尾が長いことが特徴の翼竜。大きなもので翼開長は2mほど。
(Photo：オフィス ジオパレオント)

ランフォリンクスの復元図

◀7-19
翼竜類
アヌログナトゥス
Anurognathus
翼開長50cmほどの小型の翼竜。吻部が寸詰まりで、尾は短いという独特の姿のもち主。

プのようにクチバシの外を向いて並ぶ、260本もの細い歯だ。彼らはこの口を水中でわずかに開き、小さな魚やエビなどの小動物を捕まえて、濾し取るように食べていたのではないか、とみられている。クテノカスマの上顎には眼窩の前あたりに低い骨製の陵がある。この陵には、軟組織のトサカがあったという指摘もあり、歯の特徴もあわせて、"基本形"であるプテロダクティルス類とはだいぶ異なる顔つきをしていたようだ。

▲7-20
翼竜類
プテロダクティルス
Pterodactylus
頭骨が大きく、尾が短い翼竜の代表種。上はジュラ博物館に所蔵・展示されている標本で、翼開長35cmほどの小さな個体である。下は復元図。
(Photo：オフィス ジオパレオント)

▲▶7-21
翼竜類
クテノカスマ
Ctenochasma

クテノカスマは翼開長1.5m弱の翼竜で、上はジュラ博物館に所蔵・展示されている標本である（下顎の一部）。下は復元図である。独特の形をした歯をもっていた。詳細は本文参照。
（Photo：オフィス ジオパレオント）

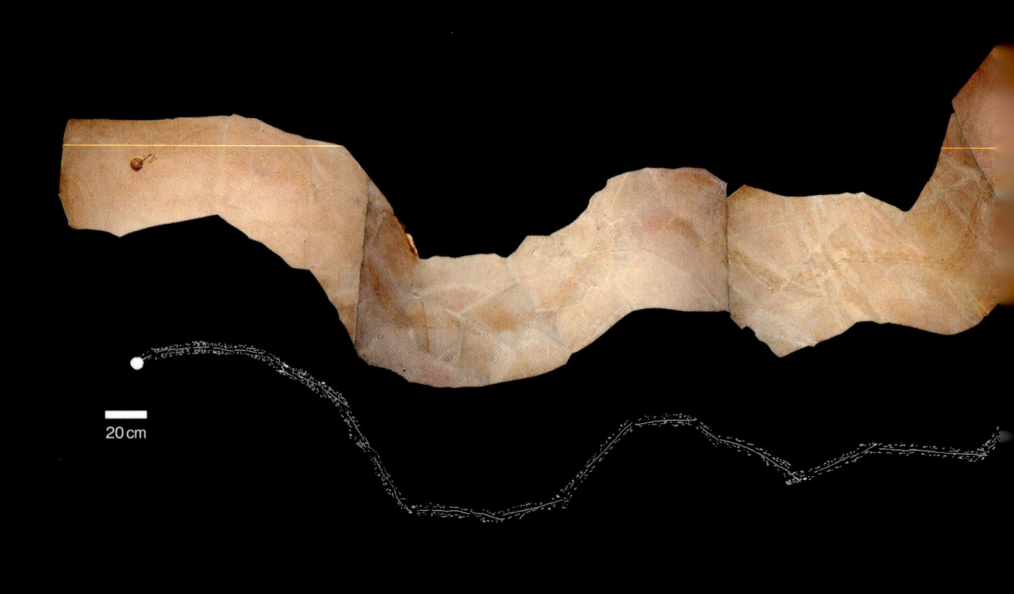

▲7-22
"死の行進化石"
カブトガニが残した9.6mにおよぶ足跡の化石と、その図解（下段）。画像右端から始まり、左端には本体が残っている。

(Photo：The Wyoming Dinosaur Center & Dean R. Lomax)

死の行進化石

　ゾルンホーフェン産の化石のなかには、「死の行進」とよばれるものがある。死に瀕した動物たちが残した、最期の足掻きを物語る化石である。

　カブトガニ類に属する**メソリムルス**（*Mesolimulus*）は、後体の縁に外向きのトゲが並ぶことを特徴とする種である。イギリス、ドンカスター博物館のディーン・R・ロマックスと、アメリカ、ワイオミング・ダイノサウラ・センターのクリストファー・A・ラカイは、2012年にメソリムルスの残した長大な足跡を報告した。7-22　その足跡の距離はじつに9.6mにおよぶ。その一端（終点）には、全長12.7cmのメソリムルス本体があった。

　この足跡化石の興味深い点は、"スタートポイント"がはっきりと残っているということである。足跡化石は、嵐などで運ばれてきたこのメソリムルスの「背面の痕跡」からスタートしていたのだろう。つまり背中で着底し、脚と尾剣を使って体を起こした。その痕跡から"行進"はスタートする。90度の方向転換を2度行い、途中で休息もはさみながら足跡は続く。最終的に9.6m進んだところで、このメソリムルスは息絶えた、というわけ

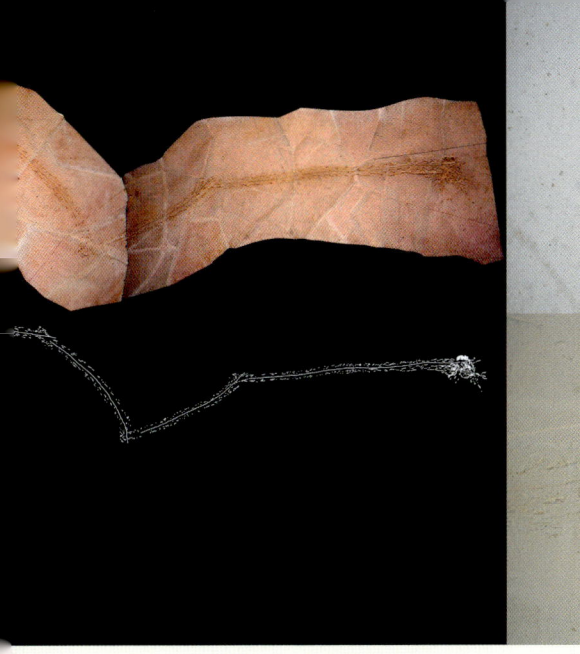

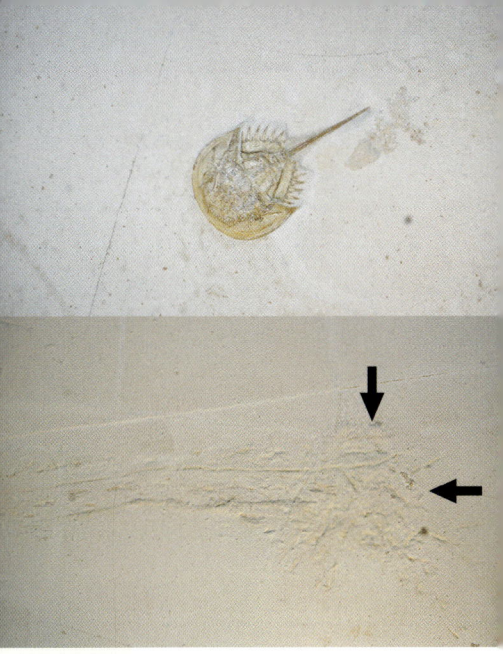

上段：左の標本の左端に残るカブトガニ（メソリムルス）の本体（足跡の主）。

下段：左の標本の右端に残る"スタート地点"。矢印は、殻の"着地痕"を示している。

だ。ロマックスとラカイが報告したほどのものではないにしろ、メソリムルスの化石には数mをこえる長い足跡をともなうものが少なくなく、なかには、螺旋を描いているものもある。こうした足跡は、無酸素の水底に運ばれたメソリムルスが、自身の体力の続く限り"出口"を探し求めた「足掻きの痕跡」といえる。

ほかにも、エビの仲間の化石には、エビ本体への化石に連なる、跳ねた痕跡が残っているものがある。これも、最期の行進の跡といえるだろう。7-23、24、25 通常、こうした"歩行痕"の化石は、その主がわからないことがほとんどだ。しかし、ゾルンホーフェンの歩行痕は、その先に本体の死骸（つまり化石）が残っていることが多いという特徴がある。

なお、死の行進をともなう化石は、豊橋市自然史博物館や栃木県立博物館など国内の博物館でも見ることが可能だ。見かけた際は、ぜひ、彼らの最期の姿に思いを馳せていただきたい。

最も出会いやすい、"クモ化石"

ゾルンホーフェンの石灰岩が分布する地域では、い

▲7-23
甲殻類　メコチルス　*Mecochirus*
ジュラ博物館に所蔵・展示されているエビの本体とその移動痕。本体の右に、点々と移動した跡が確認できる。
(Photo: Jura-Museum Eichstätt)

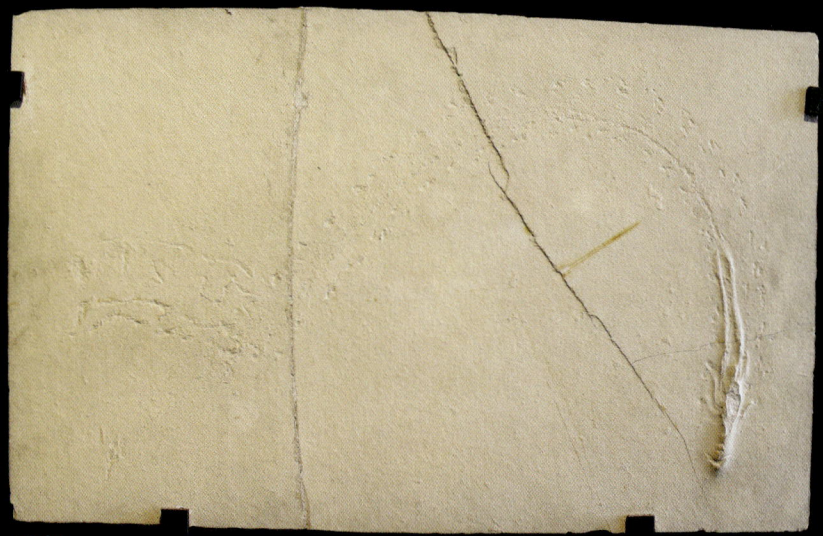

▲7-24
ジュラ博物館に所蔵・展示されているエビの本体とその移動痕。こちらは画像左上に向かって大きくカーブしながら移動したようだ。(Photo: Jura-Museum Eichstätt)

▲7-25
アンモナイトの殻の移動痕
ジュラ博物館に所蔵・展示されているもので、海底を跳ねながら転がった痕跡とされる。(Photo: Jura-Museum Eichstätt)

くつかの採掘場が一般に開放されており、化石発掘を楽しむことができる。そうした場所で、多くの人々が最初に出会うのは、おそらく**サッココマ**（*Saccocoma*）だろう。7-26 とにかく産出する数が多いため、日本でもミュージアムショップやミネラルショー、インターネットショップなどで、比較的安価に購入することができる。

サッココマはウミユリ類に属する。「ウミユリ類」は、「ユリ」の名前をもっていても実際には棘皮動物の1グループだ。多くのウミユリ類は茎と萼というまるで植物のような構造をもち、茎の一端を海底に固定し、萼から先に複数の腕をのばす。たしかに見た目は、植物のような姿をしている（ご興味をもたれた方は、既刊『石炭紀・ペルム紀の生物』の第一部で大きくページを割いているので参考にされたい）。

サッココマは、こうした大多数のウミユリ類とは姿が異なる。茎をもたないため、植物らしさがまったくないのだ。『ゾルンホーフェン化石図譜Ⅰ』によれば、かつてはクモ類と考えられ、「アイヒシュテットのクモ化石」といわれていたという。

サッココマの大きさは、最大級のもので腕の長さが2.5cm、中央の萼の直径が5mmといったところである。5組10本ある腕を最大限に広げていても、手のひらサイズといった具合だ。保存の良い標本の観察によって、萼には4mmの高さがあることが確認されている。各腕の付け根付近には、まるでアサガオの子葉のような構造がある。こうしたもろもろの特徴から、浮遊性だったとみられている。

ゾルンホーフェンの生態系において、サッココマは食物連鎖の重要な鍵であったかもしれない。スイス、バーゼル自然史博物館のハンス・ヘスは、自身の編著作である『FOSSIL CRINOIDS』のなかでそう指摘する。その根拠となるのは、ゾルンホーフェンから発見される糞化石だ。その中に、しばしばサッココマが含まれているのである。"死の水塊"が海底に広がるその上層、あるいは周囲の海では、サッココマがほかの動物の食料として生態系の下支えをしていたのかもしれない、というわけである。

▲7-26
ウミユリ類
サッココマ
Saccocoma
ゾルンホーフェンで多産するウミユリ類。茎をもたないタイプで、おそらく浮遊性だったとみられている。上のような化石標本は、ミュージアムショップなどで比較的安価に入手できるが、なかには化石本体ではなく「描いたもの」もあるので、注意が必要である。標本長3.5cm。下は復元図。
(Photo：オフィス ジオパレオント)

ジュラ紀

エピローグ

何度も入れ替わっていたアンモナイト類

　本巻では、大型の脊椎動物を中心にジュラ紀の生物を見てきた。しかしその間にも、この時代を代表する無脊椎動物であるアンモナイト類に変化が生じていた。次巻では、このアンモナイト類について大きくページを割くことになるので、本書の最後では、その変化について、簡単に触れておこう。

　そもそもアンモナイト類は、古生代デボン紀には私たちがよく知る平面螺旋状の殻を獲得し、古生代ペルム紀末の大量絶滅事件で大打撃を被るも、かろうじて種を絶やさずに生きのびた。三畳紀末の大量絶滅事件で再び"瀕死の重傷"を追うものの、あるグループが生きのび、ジュラ紀においてもその命脈を保つことに成功している。

　三畳紀末の大量絶滅事件を乗り越えて、ジュラ紀になって数を増やしてきたグループこそが、より厳密な意味においてのアンモナイト類である。デボン紀以降の"アンモナイト類"は、厳密には上位グループである「アンモノイド類」だった（『デボン紀の生物』参照）。

　ジュラ紀末には大量絶滅事件は発生せず、アンモナイト類は次の時代である白亜紀に向けて多様化を続けていく。しかし、それはけっして平坦な道のりではなかったようだ。

　スペイン、カディス大学のL・オドグヘルティたちが2000年に発表した研究によれば、スペイン南部（ジュラ紀当時は、テチス海最西部）において、絶滅、出現、多様化、そして拡散といったアンモナイト類の変遷は、海水準の上昇や下降とリンクするという。とくに、この海域では7回にわたるアンモナイト類の絶滅があり、それが海水準の急激な下降と時期が一致することを、オドグヘルティたちは指摘している。

現れた"異常巻き"アンモナイト

アンモナイト類には、「異常巻き」といわれる種がいる。「異常」とはいっても、それは遺伝的な異常、というわけではない。もっとシンプルな意味で、一般的に「アンモナイト」でイメージされる「平面螺旋状」の巻き方をしない、といった程度の言葉である。

そんな異常巻きアンモナイトを数多く"輩出"するグループが、ジュラ紀末期になって登場した「アンキロセラス類」だ。フランスやウクライナ、マダガスカルなど当時のテチス海西部に相当する地域から化石が産出する**プロタンキロセラス**(*Protancyloceras*)に代表される。

プロタンキロセラスは成人男性の拳に収まるほどの大きさのアンモナイトで、見た目がすでに一般的なアンモナイトのイメージからは逸脱している。巻きが大きく"ほどけて"いるのだ。その一方で、殻には肋（凹凸）が発達し、こちらは、おそらく一般的なアンモナイトのイメージに合う。

1989年に、イギリス、サウサンプトン大学のM・R・ハウスは、デボン紀前期から白亜紀末に至るまでの約3億2000万年間のアンモナイト類のデータを統合し、その成果を発表している。20年以上も前の研究ではあるが、この論文は現在でも（大枠では）有効とされる。この論文によれば、アンキロセラス類は白亜紀になってからおおいに花開くことになる。次巻では、みなさまの心を揺さぶるような多様なアンモナイト類を紹介するので、ぜひ、ご期待いただきたい。

中生代もいよいよ最後の時代に入る。次の『白亜紀の生物』では、アンモナイト類のほかにも、さまざまな恐竜たち（たとえば、古生物に興味がない方でも姿を思い浮かべられるであろうアノ肉食恐竜）、そして、巨大な海棲爬虫類たちにもページを割く予定だ。

アンモナイト類
プロタンキロセラス
Protancyloceras
一般的なアンモナイトのイメージとちがい、平面螺旋状の殻をもっていない。

もっと詳しく知りたい読者のための参考資料

本書を執筆するにあたり、とくに参考にした主要な文献は次の通り。なお、邦訳があるものに関しては、
一般に入手しやすい邦訳版を挙げた。また、webサイトに関しては、専門の研究機関もしくは研究者、そ
れに類する組織・個人が運営しているものを参考とした。Webサイトの情報は、あくまでも執筆時点で
の参考情報であることに注意。

※本書に登場する年代値は、とくに断りのない限り、
　International Commission on Stratigraphy，2012，INTERNATIONAL STRATIGRAPHIC CHARTを使用している

【第1章】
〈一般書籍〉
『生命と地球の進化アトラス2』著：ドゥーガル・ディクソン，2003年刊行，朝倉書店
『絶滅古生物学』著：平野弘道，2006年刊行，岩波書店
『メアリー・アニングの冒険』著：吉川惣司・矢島道子，2003年刊行，朝日新聞出版社
『EXCEPTIONAL FOSSIL PRESERVATION』編：Davif J. Bottjer，Walter Etter，James W. Hagadorn，
　Carol M. Tang，2002年刊行，Columbia University Press
〈プレスリリース〉
「被災地の化石が古代生物の進化の歴史を塗り替えた」，2012年10月26日，北海道大学
〈学術論文〉
Robert A. Berner，2006，GEOCARBSULF: A combined model for Phanerozoic atmospheric O2 and CO2，
　Geochimica et Cosmochimica Acta, vol.70, p5653-5664
Yasuhiro Iba，Shin-ichi Sano，Jörg Mutterlose，Yasuno Kondo，2012，Belemnites originated in the Triassic—
　A new look at an old group，Geology，vol.40，no.10，p911-914

【第2章】
〈一般書籍〉
『世界の化石遺産』著：P. A. セルデン，J. R. ナッズ，2009年刊行，朝倉書店
『Ancient Marine Reptiles』編：Jack M. Callaway，Elizabeth L. Nicholls，1997年刊行，Academic Press
『EXCEPTIONAL FOSSIL PRESERVATION』編：Davif J. Bottjer，Walter Etter，James W. Hagadorn，Carol M.
　Tang，2002年刊行，Columbia University Press
『EVOLUTION OF FOSSIL ECOSYSTEMS SECOND EDITION』著：Paul Selden，John Nudds，2012年刊行，Manson
　Publishing Ltd
『PTEROSAURS』著：Mark P. Witton，2013年刊行，Princeton University Press
『Vertebrate Palaeontology THERD EDITION』著：Micael J. Benton，2005年刊行，Blackwell
〈学術論文〉
Achim G. Reisdorf，Roman Bux，Daniel Wyler，Mark Benecke，Christian Klug，Michael W. Maisch，
　Peter Fornaro，Andreas Wetzel，2012，Float, explode or sink: postmortem fate of lung-breathing marine
　vertebrates，Palaeobio Palaeoenv，vol.92，p67-81
Andrew H. Caruthers，Paul L. Smith，Darren R. Gröcke，2013，The Pliensbachian–Toarcian (Early Jurassic) extinction,
　a global multi-phased event，Palaeogeography, Palaeoclimatology, Palaeoecology，vol.308，p104-118
Detlev Thies，Rolf Bernhard Hauff，2012，A Speiballen from the Lower Jurassic Posidonia Shale of South Germany，
　N. Jb. Geol. Paläont. Abh，vol.267，p117-124
József Pálfy，Paul L. Smith，2000，Synchrony between Early Jurassic extinction, oceanic anoxic event, and the
　Karoo-Ferrar flood basalt volcanism，Geology，vol.28，p747-750
Michael W. Maisch，Martin Rücklin，2008，Revision of the genus *Stenopterygius* Jaekel, 1904 emend. von Huene,
　1922(Reptilia: Ichthyosauria) from the Lower Jurassic of Western Europe，Palaeodiversity，vol.1，p227-271
Michael W. Maisch，Martin Rücklin，2003，Cranial osteology of the sauropterygian *Plesiosaurus brachypterygius* from
　the Lower Toarcian of Germany，Palaeontology，vol.43，Part1，p29-40
Ryosuke Motani，Da-yong Jiang，Andrea Tintori，Olivier Rieppel，Guan-bao Chen，2014，Terrestrial Origin of
　Viviparity in Mesozoic Marine Reptiles Indicated by Early Triassic Embryonic Fossils，PLoS ONE，vol.9，no.2，
　e88640. doi:10.1371/journal.pone.0088640

【第3章】
〈一般書籍〉
『恐竜ビジュアル大図鑑』監修：小林快次，藻谷亮介，佐藤たまき，ロバート・ジェンキンズ，小西卓哉，平山廉，大橋智之，
　冨田幸光，著：土屋健，2014年刊行，洋泉社
『小学館の図鑑NEO 両生類・爬虫類』著：松井正文，疋田努，太田英利，撮影：前橋利光，前田憲男，関慎太郎 ほ
　か，2004年刊行，小学館
『脊椎動物の進化 原著第5版』著：エドウィン・H・コルバート，マイケル・モラレス，イーライ・C・ミンコフ，2004年刊行，築地書館
『別冊日経サイエンス 地球を支配した恐竜と巨大生物たち』2004年刊行，日経サイエンス社
『ワニと恐竜の共存』著：小林快次，2013年刊行，北海道大学出版会
『Newton別冊 恐竜・古生物ILLUSTRATED』2010年刊行，ニュートンプレス
『Ancient Marine Reptiles』編：Jack M. Callaway，Elizabeth L. Nicholls，1997年刊行，Academic Press
『Fossil Frogs and Toads of North America』著：J. Alan Holman，2003年刊行，Indiana University Press
『JURASSIC WEST』著：John Foster，2007年刊行，Indiana University Press
『Vertebrate Palaeontology THERD EDITION』著：Micael J. Benton，2005年刊行，Blackwell

《雑誌記事》
「尾ひれをもつ恐竜時代のワニ　メトリオリンクス」土屋健，Newton，2008年9月号，p120-121，ニュートンプレス
「水辺の支配者となった爬虫類 ワニ類―2億3000万年の軌跡―」土屋健，Newton，2010年10月号，p116-117，ニュートンプレス
《WERサイト》
すべてのiPhoneモデルを見る.，Apple，http://www.apple.com/jp/iphone/compare/
ICHTHYOSAUR PAGE，http://www.ucmp.berkeley.edu/people/motani/ichthyo/index.html
《学術論文》
Edwin Harris Colbert, Charles Craig Mook, 1951, The ancestral Crocodilian *Protosuchus*, Bulletin of the American Museum of Natural History, vol.97, Article3, p143-182
Hilary F. Ketchum, Roger B. J. Benson, 2010, Global interrelationships of Plesiosauria (Reptilia, Sauropterygia) and the pivotal role of taxon sampling in determining the outcome of phylogenetic analyses, Biological Reviews, vol.85, Issue 2, p361-392
Leslie F. Noè, Jeff Liston, Mark Evans, 2003, The first relatively complete exoccipital-opisthotic from the braincase of the Callovian pliosaur, *Liopleurodon*, vol.140, no.4, p479-486
Neil H. Shubin, Farish A. Jenkis Jr, 1995, A Early Jurassic jumping frog, nature, vol.377, p49-52
Roger B. J. Benson, Mark Evans, Adam S. Smith, Judyth Sassoon, Scott Moore-Faye, Hilary F. Ketchum, Richard Forrest, 2013, A Giant Pliosaurid Skull from the Late Jurassic of England. PLoS ONE, vol.8, no.5, e65769. doi:10.1371/journal.pone.0065989
Tamaki Sato, Yoshikazu Hasegawa, Makoto Manabe, 2006, A new elasmosaurid plesiosaur from the Upper Cretaceous of Fukushima, Japan, Palaeontology, vol.49, Part3, p467-484
Zulma Gasparini, Diego Pol, Luis A. Spalletti, 2006, An Unusual Marine Crocodyliform from the Jurassic-Cretaceous Boundary of Patagonia, Science, vol.311, p70-73

【第4章】
《一般書籍》
『恐竜時代1』著：小林快次，2012年刊行，岩波ジュニア新書
『恐竜ビジュアル大図鑑』監修：小林快次，藻谷亮介，佐藤たまき，ロバート・ジェンキンズ，小西卓哉，平山廉，大橋智之，冨田幸光，著：土屋健，2014年刊行，洋泉社
『コンサイス 外国地名事典 第3版』監修：谷岡武雄，編：三省堂編集所，1998年刊行，三省堂
『小学館の図鑑 NEO 動物』指導・執筆：三浦慎吾，成島悦雄，伊澤雅子，吉岡基，室山泰之，北垣憲仁，協力：横山正，画：田中豊美ほか，2002年刊行，小学館
『新版 絶滅哺乳類図鑑』著：冨田幸光，伊藤丙雄，岡本泰子，2011年刊行，丸善出版株式会社
『ホルツ博士の最新恐竜事典』著：トーマス・R・ホルツ Jr，2010年刊行，朝倉書店
『Dinosaurs A Field guide』著：Gregory S. Paul，2010刊行，A&C Black
『PTEROSAURS』著：Mark P. Witton，2013年刊行，Princeton University Press
『The Carnivorous Dinosaurs』編：Kenneth Carpenter，2005年刊行，Indiana University Press
『The DINOSAURIA 2ed』編：David B. Weishampel，Peter Dodson，Halska Osmólska，2004年刊行，University of California Press
《特別展図録》
『翼竜の謎』2012年，福井県立恐竜博物館
《学術論文》
David A Eberth, Xu Xing, James M. Clark, 2010, Dinosaur deth pits from the Jurassic of China, PALAIOS, vol.25, p112-125
Jin Meng, Yaoming Hu, Yuanqing Wang, Xiaolin Wang, Chuankui Li, 2006, A Mesozoic gliding mammal from northeastern China, nature, vol. 444, p889-893
Jun Chen, Bo Wang, Michael S. Engel, Torsten Wappler, Edmund A. Jarzembowski, Haichun Zhang, Xiaoli Wang, Xiaoting Zheng, 2014, Extreme adaptations for aquatic ectoparasitism in a Jurassic fly larva, eLife, vol.3, e02844, p1-8
Junchang Lü, David M. Unwin, D. Charles Deeming, Xingsheng Jin, Yongqing Liu, Qiang Ji, 2011, An Egg-Adult Association, Gender, and Reproduction in Pterosaurs, Science, vol.331, p321-324
Qiang Ji, Zhe-Xi Luo, Chong-Xi Yuan, Alan R. Tabrum, 2006, A Swimming Mammaliaform from the Middle Jurassic and Ecomorphological Diversification of Early Mammals, nature, vol. 311, p1123-1127
Quanguo Li, Ke-Qin Gao, Jakob Vinther, Matthew D. Shawkey, Julia A. Clarke, Liliana D'Alba, Qingjin Meng, Derek E. G. Briggs, Richard O. Prum, 2010, Plumage Color Patterns of an Extinct Dinosaur, Science, vol.327, p1369-1372
Zhe-Xi Luo, Chong-Xi Yuan, Qing-Jin Meng, Qiang Ji, 2011, A Jurassic eutherian mammal and divergence of marsupials and placentals, nature, vol.476, p442-445

【第5章】
《一般書籍》
『大人のための「恐竜学」』監修：小林快次，著：土屋健，2013年刊行，祥伝社新書
『恐竜学』著：David E. Fastovsky，David B. Weishampel，2006年刊行，丸善出版株式会社
『恐竜時代1』著：小林快次，2012年刊行，岩波ジュニア新書
『恐竜ビジュアル大図鑑』監修：小林快次，藻谷亮介，佐藤たまき，ロバート・ジェンキンズ，小西卓哉，平山廉，大橋智之，冨田幸光，著：土屋健，2014年刊行，洋泉社
『古生物学事典 第2版』編集：日本古生物学会，2010年刊行，朝倉書店

『小学館の図鑑 NEO 動物』指導・執筆：三浦慎吾，成島悦雄，伊澤雅子，吉岡 基，室山泰之，北垣憲仁，協力：横山 正，画：田中豊美ほか，2002年刊行，小学館
『新版 絶滅哺乳類図鑑』著：冨田幸光，伊藤丙雄，岡本泰子，2011年刊行，丸善出版株式会社
『世界の化石遺産』著：P. A. セルデン，J. R. ナッズ，2009年刊行，朝倉書店
『ホルツ博士の最新恐竜事典』著：トーマス・R・ホルツ Jr，2010年刊行，朝倉書店
『理科年表 平成26年』編：国立天文台，2013年刊行，丸善出版株式会社
『Dinosaurs A Field guide』著：Gregory S. Paul，2010刊行，A&C Black
『JURASSIC WEST』著：John Foster，2007年刊行，Indiana University Press
『The Carnivorous Dinosaurs』編：Kenneth Carpenter，2005年刊行，Indiana University Press
『The DINOSAURIA 2ed』編：David B. Weishampel, Peter Dodson, Halska Osmólska，2004年刊行，University of California Press

〈雑誌記事〉
「鎧や剣を身につけた恐竜 鎧竜類・剣竜類―1億3000万年の軌跡―」Newton，2011年9月号，p120-121

〈プレスリリース〉
「植物食恐竜ステゴサウルスに感染症」，2014年8月21日，大阪市立自然史博物館

〈WERサイト〉
Rare Stegosaurus skeleton to be unveiled at the Museum, Nov./15/2014, NATURAL HISTORY MUSEUM, http://www.nhm.ac.uk/about-us/news/2014/nov/rare-stegosaurus-skeleton-to-be-unveiled-at-the-museum133542.html

〈学術論文〉
Emanuel Tschopp, Octavio Mateus, Roger B. J. Benson, 2015, A specimen-level phylogenetic analysis and taxonomic revision of Diplodocidae(Dinosauria, Sauropoda), PeerJ, 3:e857; DOI 10.7717/peerj. 857
Henry C. Fricke, Justin Hencecroth, Marie E. Hoerner, 2011, Lowland–upland migration of sauropod dinosaurs during the Late Jurassic epoch, nature, vol.480, p513-515
James O. Farlow, Shoji Hayashi, Glenn J. Tattersall, 2010, Internal vascularity of the dermal plates of *Stegosaurus* (Ornithischia, Thyreophora), Swiss J. Geosci., vol.103, p173-185
Miriam Reichel, 2010, A model for the bite mechanics in the herbivorous dinosaur *Stegosaurus* (Ornithischia, Stegosauridae), Swiss J. Geosc., vol.103, p235-240
Paul J. Bybee, Andrew L. Lee, Ellen-Thérèse Lamm, 2006, Sizing the Jurassic Theropod Dinosaur Allosaurus: Assessing Growth Strategy and Evolution of Ontogenetic Scaling of Limbs, 2006, Journal of Mophology, vol.267, p347-359
Ranga Redelstorff, Shoji Hayashi, Bruce M. Rothschild, Anusuya Chinsamy, 2014, Non-traumatic bone infection in stegosaurs from Como Bluff, Wyoming, Lethaia, DOI: 10.1111/let.12086
Shoji Hayashi, Kenneth Capenter, Mahito Watabe, Lorrie A. Mcwhinney, 2012, Ontogenetic Histology of *Stegosaurus* plates and spikes, Palaeontology, vol. 55, Part 1, p145-161
Zhe-Xi Luo, John R. Wible, 2005, A Late Jurassic Digging Mammal and Early Mammalian Diversification, vol.308, p103-107

【第6章】
〈一般書籍〉
『小学館の図鑑 NEO 恐竜』監修：冨田幸光，指導・執筆：舟木嘉浩，2002年刊行，小学館
『小学館の図鑑 NEO 魚』監修：井田齊，松浦啓一，2003年刊行，小学館
『小学館の図鑑 NEO 動物』指導・執筆：三浦慎吾，成島悦雄，伊澤雅子，吉岡 基，室山泰之，北垣憲仁，協力：横山 正，画：田中豊美ほか，2002年刊行，小学館
『新版 小学館の図鑑 NEO 恐竜』監修・執筆：冨田幸光，2014年刊行，小学館
『生命と地球の進化アトラス2』著：ドゥーガル・ディクソン，2003年刊行，朝倉書店
『よみがえる恐竜・古生物』著：ティム・ヘインズ、ポールチェンバーズ，監修：群馬県立自然史博物館，2006年刊行，ソフトバンククリエイティブ
『Dinosaurus A Field guide』著：Gregory S. Paul，2010刊行，A&C Black
『The Rise of Fishes』著：John A. Long，2011年刊行，The Johns Hopkins University Press

〈特別展図録〉
『太古の哺乳類展』2014年，国立科学博物館

〈WERサイト〉
国土交通省国土地理院，http://www.gsi.go.jp/

〈学術論文〉
Christophe Hendrickx, Octávio Mateus, 2014, *Torvosaurus gurneyi* n. sp., the Largest Terrestrial Predator from Europe, and a Proposed Terminology of the Maxilla Anatomy in Nonavian Theropods, PLoS ONE, vol.9, no.3, e88905. doi:10.1371/journal.pone.0088905
David Martill, 1986, The worlds's largest fish, GEOLOGY TODAY, p61-63
Michael P. Taylor, 2009, A re-evaluation of *Brachiosaurus altithorax* Riggs 1903 (Dinosauria, Sauropoda) and its generic separation from *Giraffatitan brancai* (Janensch 1914), Journal of Vertebrate Paleontology, vol.29, no.3, p787-806
Jeff Liston, Michael G. Newbrey, Thomas James Challands, Colin E. Adams, 2013, Groth, age and size of the Jurassic pachycormid *Leedsichthys problematicus*(Osteichthyes: Actinopterygii), Mesozoic Fishes 5, p145-175
P. Martin Sander, Octávio Mateus, Thomas Laven, Nils Knötschke, 2006, Bone histology indicates insular dwarfism in a new Late Jurassic sauropod dinosaur, nature, vol.441, p739-741

【第7章】
《一般書籍》
『恐竜時代1』著：小林快次，2012年刊行，岩波ジュニア新書
『小学館の図鑑 NEO 鳥』監修：上田恵介，指導・執筆：柚木 修，画：水谷高英ほか，2002年刊行，小学館
『世界の化石遺産』著：P. A. セルデン，J. R. ナッズ，2009年刊行，朝倉書店
『新版 図説種の起源』著：チャールズ・ダーウィン，1997年刊行，東京書籍
『そして恐竜は鳥になった』監修：小林快次，著：土屋健，2013年刊行，誠文堂新光社
『ゾルンホーフェン化石図譜I』著：K. A. フリックヒンガー，2007年刊行，朝倉書店
『ゾルンホーフェン化石図譜II』著：K. A. フリックヒンガー，2007年刊行，朝倉書店
『Newton別冊 恐竜・古生物ILLUSTRATED』2010年刊行，ニュートンプレス
『ARCHAEOPTERYX』(English Edition)著：Peter Wellnhofer，2009年刊行，Verlag Dr. Friedrich Pfeil
『Dinosaurs A Field guide』著：Gregory S. Paul，2010刊行，A&C Black
『Dinosaur Paleobiology』著：Stephen L. Brusatte，2012年刊行，WILEY-BLACK WELL
『FOSSIL CRINOIDS』編：H. Hess，W. I. Ausich，C. E. Brett，M. J. Simms，1999年刊行，Cambridge University Press
『The DINOSAURIA 2ed』編：David B. Weishampel，Peter Dodson，Halska Osmólska，2004年刊行，University of California Press
『THE PTEROSAURS FROM DEEP TIME』著：David M. Unwin，2006年刊行，PI Press
《特別展図録》
『翼竜の謎』2012年，福井県立恐竜博物館
《学術論文》
Christian Foth, Helmut Tischlinger, Oliver W. M. Rauhut, 2014, New specimen of *Archaeopteryx* provides insights into the evolution of pennaceous feathers, nature, vol.511, p79-82
Dean R. Lomax, Christopher A. Racay, 2012, A Long Mortichnial Trackway of *Mesolimulus walchi* from the Upper Jurassic Solnhofen Lithographic Limestone near Wintershof, Germany, Ichnos: An International Journal for Plant and Animal Traces, vol.19, no.3, p175-183
Gregory M. Erickson, Oliver W. M. Rauhut, Zhonghe Zhou, Alan H. Turner, Brian D. Inouye, Dongyu Hu, Mark A. Norell, 2009, Was Dinosaurian Physiology Inherited by Birds? Reconciling Slow Growth in Archaeopteryx, PLoS ONE 4(10): e7390. doi:10.1371/journal.pone.0007390
Lars Schmitz, Ryosuke Motani, 2011, Nocturnality in Dinosaurs Inferred from Scleral Ring and Orbit Morphology, Science, vol.332, p705-708
Nick Longrich, 2006, Structure and function of hindlimb feathers in *Archaeopteryx lithographica*, Paleobiology, vol.32, no.3, p417-431
Oliver W. M. Rauhut, Christian Foth, Helmut Tischlinger, Mark A. Norell, 2012, Exceptionally preserved juvenile megalosauroid theropod dinosaur with filamentous integument from the Late Jurassic of Germany, PNAS, vol.109, no.29, p11746-11751
Patricio Dominguez Alonso, Angela C. Milner, Richard A. Ketcham, M. John Cookson, Timothy B. Rowe, 2004, The avian nature of the brain and inner ear of *Archaeopteryx*, nature, vol.430, p666-669
Phillip. L. Manning, Nicholas P. Edwards, Roy A. Wogelius, Uwe Bergmann, Holly E. Barden, Peter L. Larson, Daniela Schwarz-Wings, Victoria M. Egerton, Dimosthenis Sokaras, Roberto A. Mori, William I. Sellers, 2013, Synchrotron-based chemical imaging reveals plumage patterns in a 150 million year old early bird, J. Anal. At. Spectrom., vol.28, p1024-1030
Ryan M. Carney, Jakob Vinther, Matthew D. Shawkey, Liliana D'Alba, Jörg Ackermann, 2012, New evidence on the colour and nature of the isolated *Archaeopteryx* feather, Nat. Commun., 3:637 doi: 10.1038/ncomms1642
S. Christopher Bennett, 1995, A Statistical Study of *Rhamphorhynchus* from the Solnhofen Limestone of Germany: Year-Classes of a Single Large Species, Journal of Paleontology, vol.69, no.3, p569-580
Ursula B. Göhlich, Luis M. Chiappe, 2006, A new carnivorous dinosaur from the Late Jurassic Solnhofen archipelago, nature, vol.440, p329-332
William Irvin Sellers, Phillip Lars Manning, 2007, Estimating dinosaur maximum running speedsusing evolutionary robotics, Proc. R. Soc. B, vol.274, p2711-2716

【エピローグ】
《一般書籍》
『Trearise on INVERTEBRATE PALEONTOLOGY Part (L): Mollusca4』著：W. J. Arkell, W. M. Furnish, Bernhard Kumel, A. K. Miller, R. C. Moore, O. H. Schindewolf, P. C. Sylvester-Bradley, C. W. Wright, 1957年刊行, The Geological Society of America, Inc. and The University of Kansas
《学術論文》
L. O'Dogherty, J. Sandoval, J. A. Vera, 2000, Ammonite faunal turnover tracing sea-level changes during the Jurassic (Betic Cordillera, southern Spain), Journal of the Geological Society, vol.157, p723-736
M. R. House, W. A. Kerr, 1989, Ammonoid Extinction Events [and Discussion], Phil. Trans. R. Soc. Lond. B, vol.325, p307-326

索引

図版掲載ページは太数字

アジアゾウ …………… 118
Elephas maximus

アヌログナトゥス………… 149, **151**
Anurognathus

アパトサウルス ………… **90**, **91**
Apatosaurus

アメリカモモンガ ……… 76, 77
Glaucomys volans

アルカエオプテリクス …… 124, 125, **126**, 127, 128,
Archaeopteryx 129, **130**, 131, 132, **133**,
（始祖鳥） 134, **135**, **136**, **137**, **138**,
139, 140, **141**, 142

　アルカエオプテリクス・バパリカ … 137
　A. bavarica

　アルカエオプテリクス・リソグラフィカ … **136**, 137
　A. lithographica

　アイヒシュテット標本 … 127, 134, **136**, 140
　サーモポリス標本 …… **136**, **139**, 140
　ゾルンホーフェン標本 … 134, **137**, 140
　第9標本 ……………… 134, **139**
　第11標本 …………… **136**, 140, **141**
　ダイティンク標本 …… 134, **138**
　ハーレム標本 ………… 134, **135**
　ベルリン標本 ………… 132, **133**, 140
　マックスベルク標本 … 132, **135**
　ミュンヘン標本 ……… 134, **138**, 140
　ロンドン標本 ………… 125, **126**, 132

アロサウルス ………… 59, **82**, **83**, 94, 95, **96**, **97**,
Allosaurus **98**, 99, 100, 102, **103**, **104**,
116, 117

アンキオルニス ………… 67, **68**, **69**
Anchiornis

アンキロサウルス ……… **106**
Ankylosaurus

アンモナイトの殻の移動痕 **156**

ヴィエラエッラ ………… **56**, 57
Vieraella

ヴォラティコテリウム …… 76, **77**, 79, 80, 110, 111
Volaticotherium

エウディモルフォドン …… 70, **71**
Eudimorphodon

エウトレタウラノスクス … 51, **52**
Eutretauranosuchus

エウロパサウルス ……… **118**, 119
Europasaurus

オフタルモサウルス …… 40, **41**, 42, 145
Ophthalmosaurus

カストロカウダ ………… **74**, **75**, 76, 79, 80, 110, 111
Castorocauda

カマラサウルス ………… **82**, **83**, **92**, 93, 98
Camarasaurus

カンピログナトイデス …… 31, **35**
Campylognathoides

キイア ………………… **81**
Qiyia

ギラッファティタン ……… 119, **120**, 121, **122**, **123**
Giraffatitan

グアンロン …………… 64, **65**, 66
Guanlong

クテノカスマ ………… 149, 151, **153**
Ctenochasma

ゲオサウルス ………… 52, **53**
Geosaurus

ゲロバトラクス ………… 55, **56**
Gerobatrachus

ゴニオフォリス ………… **50**, 51, 52
Goniopholis

コンプソグナトゥス ……… **128**, 129, 142, **143**
Compsognathus

サッココマ …………… **157**
Saccocoma

始祖鳥→アルカエオプテリクスの項を参照

シチュアノベルス ……… 11, 12, **13**
Sichuanobelus

死の足跡化石 ………… **64**

ジュラヴェナトル……… 142, 143, **144**, **145**
Juravenator

ジュラマイア ………… **78**, **79**, 80
Juramaia

シンラプトル ………… 59, **60**, **61**
Sinraptor

スーパーサウルス ……… **82**, **83**, **86**, **87**, 88, 90, 91
Supersaurus

スキウルミムス ………… 145, **146**, **147**, **148**
Sciurumimus

スケロサウルス ………… 107, **108**, 109
Scutellosaurus

スケリドサウルス ……… 107, **108**
Scelidosaurus

ステゴサウルス ………… **82**, **83**, 100, **101**, **102**, **103**,
Stegosaurus **104**, **105**, 106, 107, 109,
110, 117

ステネオサウルス ……… 31, **32**, **33**, 36
Steneosaurus

ステノプテリギウス *Stenopterygius*	23, 24, 25, 26, 27, 28, 30, 37
セイロクリヌス *Seirocrinus*	37, 38, 39
ダーウィノプテルス *Darwinopterus*	69, 70, 72, 73
ダクチリオセラス *Dactylioceras*	21
ダコサウルス *Dakosaurus*	52, 53, 54, 55
ダチョウ *Struthio*	142
ダペディウム *Dapedium*	31, 35, 36, 37
ツチブタ *Orycteropus afer*	111
ディプロドクス *Diplodocus*	88, 89, 90, 98
ティランノサウルス *Tyrannosaurus*	59, 65, 66, 94, 95, 97, 142
トゥオジャンゴサウルス *Tuojiangosaurus*	109, 110
トリアドバトラクス *Triadobatrachus*	56, 57
ドリグナトゥス *Dorygnathus*	31, 34, 35
トルボサウルス *Torvosaurus*	116, 117
トルボサウルス・グルネイ *T. gurneyi*	117
トルボサウルス・タンネリ *T. tanneri*	117
ニホンアマガエル *Hyla japonica*	57
ハーポセラス *Harpoceras*	20, 21
ハシブトガラス *Corvus macrorhynchos*	128
パッサロテウティス *Passaloteuthis*	22
ビーバー *Castor*	74, 75
フアヤンゴサウルス *Huayangosaurus*	109, 110
フタバサウルス *Futabasaurus*	43
プテラノドン *Pteranodon*	70, 71
プテロダクティルス *Pterodactylus*	70, 149, 152
ブラキオサウルス *Brachiosaurus*	119, 121, 122
プラティスクス *Platysuchus*	31, 32, 33
プリオサウルス *Pliosaurus*	44, 46, 47
フルイタフォッソル *Fruitafossor*	82, 110, 111
プレシオサウルス *Plesiosaurus*	29, 30, 31, 43
プロサリルス *Prosalirus*	56, 57
プロタンキロセラス *Protancyloceras*	159
プロトスクス *Protosuchus*	48, 49, 50
ブロントサウルス *Brontosaurus*	90, 91
ペロネウステス *Peloneustes*	29, 30, 31
マメンキサウルス *Mamenchisaurus*	60, 61, 62, 63, 64, 86, 90
メガロサウルス *Megalosaurus*	117
メコチルス *Mecochirus*	156
メソリムルス *Mesolimulus*	154, 155
メトリオリンクス *Metriorhynchus*	52, 53, 54, 115
ランフォリンクス *Rhamphorhynchus*	70, 148, 149, 150, 151
リードシクティス *Leedsichthys*	112, 113, 114, 115
リオプレウロドン *Liopleurodon*	44, 45, 115
リムサウルス *Limusaurus*	63, 64, 65
ロマレオサウルス *Rhomaleosaurus*	29, 30, 31

索引　学名一覧表

Allosaurus	アロサウルス	*Huayangosaurus*	フアヤンゴサウルス
Anchiornis	アンキオルニス	*Hyla japonica*	ニホンアマガエル
Ankylosaurus	アンキロサウルス	*Juramaia*	ジュラマイア
Anurognathus	アヌログナトゥス	*Juravenator*	ジュラヴェナトル
Apatosaurus	アパトサウルス	*Leedsichthys*	リードシクティス
Archaeopteryx	アルカエオプテリクス（始祖鳥）	*Limusaurus*	リムサウルス
A. bavarica	アルカエオプテリクス・ババリカ	*Liopleurodon*	リオプレウロドン
A. lithographica	アルカエオプテリクス・リソグラフィカ	*Mamenchisaurus*	マメンキサウルス
Brachiosaurus	ブラキオサウルス	*Mecochirus*	メコチルス
Brontosaurus	ブロントサウルス	*Megalosaurus*	メガロサウルス
Camarasaurus	カマラサウルス	*Mesolimulus*	メソリムルス
Campylognathoides	カンピログナトイデス	*Metriorhynchus*	メトリオリンクス
Castor	ビーバー	*Ophthalmosaurus*	オフタルモサウルス
Castorocauda	カストロカウダ	*Orycteropus afer*	ツチブタ
Compsognathus	コンプソグナトゥス	*Passaloteuthis*	パッサロテウティス
Corvus macrorhynchos	ハシブトガラス	*Peloneustes*	ペロネウステス
Ctenochasma	クテノカスマ	*Platysuchus*	プラティスクス
Dactylioceras	ダクチリオセラス	*Plesiosaurus*	プレシオサウルス
Dakosaurus	ダコサウルス	*Pliosaurus*	プリオサウルス
Dapedium	ダペディウム	*Prosalirus*	プロサリルス
Darwinopterus	ダーウィノプテルス	*Protancyloceras*	プロタンキロセラス
Diplodocus	ディプロドクス	*Protosuchus*	プロトスクス
Dorygnathus	ドリグナトゥス	*Pteranodon*	プテラノドン
Elephas maximus	アジアゾウ	*Pterodactylus*	プテロダクティルス
Eudimorphodon	エウディモルフォドン	*Qiyia*	キイア
Europasaurus	エウロパサウルス	*Rhamphorhynchus*	ランフォリンクス
Eutretauranosuchus	エウトレタウラノスクス	*Rhomaleosaurus*	ロマレオサウルス
Fruitafossor	フルイタフォッソル	*Saccocoma*	サッココマ
Futabasaurus	フタバサウルス	*Scelidosaurus*	スケリドサウルス
Geosaurus	ゲオサウルス	*Sciurumimus*	スキウルミムス
Gerobatrachus	ゲロバトラクス	*Scutellosaurus*	スクテロサウルス
Giraffatitan	ギラッファティタン	*Seirocrinus*	セイロクリヌス
Glaucomys volans	アメリカモモンガ	*Sichuanobelus*	シチュアノベルス
Goniopholis	ゴニオフォリス	*Sinraptor*	シンラプトル
Guanlong	グアンロン	*Stegosaurus*	ステゴサウルス
Harpoceras	ハーポセラス	*Steneosaurus*	ステネオサウルス

Stenopterygius	ステノプテリギウス
Struthio	ダチョウ
Supersaurus	スーパーサウルス
Torvosaurus	トルボサウルス
T. gurneyi	トルボサウルス・グルネイ
T. tanneri	トルボサウルス・タンネリ
Triadobatrachus	トリアドバトラクス
Tuojiangosaurus	トゥオジャンゴサウルス
Tyrannosaurus	ティランノサウルス
Vieraella	ヴィエラエッラ
Volaticotherium	ヴォラティコテリウム

■ 著者略歴

土屋 健(つちや・けん)

オフィス ジオパレオント代表。サイエンスライター。埼玉県生まれ。金沢大学大学院自然科学研究科で修士号を取得（専門は地質学、古生物学）。その後、科学雑誌『Newton』の記者編集者を経て独立し、現職。近著に『デボン紀の生物』『石炭紀・ペルム紀の生物』（ともに技術評論社）、『WONDA 大昔の生きもの』（ポプラ社）、『理科が好きな子に育つ ふしぎのお話365日』（共著：誠文堂新光社）など。

■ 監修団体紹介

群馬県立自然史博物館(ぐんまけんりつしぜんしはくぶつかん)

世界遺産「富岡製糸場」で知られる群馬県富岡市にあり、地球と生命の歴史、群馬県の豊かな自然を紹介している。1996年開館の「見て・触れて・発見できる」博物館。常設展示「地球の時代」には、全長15mのカマラサウルスの実物骨格やブラキオサウルスの全身骨格、ティランノサウルス実物大ロボット、トリケラトプスの産状復元と全身骨格などの恐竜をはじめ、三葉虫の進化系統樹やウミサソリ、皮膚の印象が残ったヒゲクジラ類化石やヤベオオツノジカの全身骨格などが展示されている。そのほかにも、群馬県の豊かな自然を再現したいくつものジオラマ、ダーウィン直筆の手紙、アウストラロピテクスなど化石人類のジオラマなどが並んでいる。企画展も年に3回開催。
http://www.gmnh.pref.gunma.jp/

編集	ドゥ アンド ドゥ プランニング有限会社
装幀・本文デザイン	横山明彦(WSB inc.)
古生物イラスト	えるしまさく　小堀文彦(AEDEAGUS)
シーン復元	小堀文彦(AEDEAGUS)
作図	土屋香

生物ミステリー PRO
ジュラ紀の生物

発行日	2015年7月15日　初版　第1刷発行
	2021年6月22日　初版　第2刷発行
著者	土屋 健
発行者	片岡 巌
発行所	株式会社技術評論社
	東京都新宿区市谷左内町21-13
	電話　03-3513-6150　販売促進部
	03-3267-2270　書籍編集部
印刷／製本	大日本印刷株式会社

定価はカバーに表示してあります。
本書の一部または全部を著作権法の定める範囲を超え、無断で複写、複製、転載あるいはファイルに落とすことを禁じます。

©2015 土屋 健
　　　ドゥアンドドゥプランニング有限会社

造本には細心の注意を払っておりますが、万一、乱丁（ページの乱れ）や落丁（ページの抜け）がございましたら、小社販売促進部までお送りください。
送料小社負担にてお取り替えいたします。

ISBN978-4-7741-7406-8 C3045
Printed in Japan